A TRES-ILLVSTRE ET GENEREVX SEIGNEVR

MESSIRE MARTIN RVZE',

MARQVIS D'EFFIAT ET DE LONGEMEAV,

Conseiller du Roy en son Conseil d'Estat, Grand Maistre des Mines de France, & Gouuerneur de la Prouince de Bourbonnois.

MONSEIGNEVR,

C'est vne vertu des plus agreables à DIEV *& aux hommes, que la recognoissance du bien-fait; & n'y a point de doute qu'elle est encore plus parfaicte estant pratiquée vers les defuncts, dont on n'espere plus rien en ce monde, que vers les viuans dont on ha tousiours quelque esperance. Cette pensée fait pour iamais reuiure en ma memoire feu Monseigneur le Mareschal vostre Pere, que* DIEV *absolue: lequel ayant ouy parler de moy, & desiré de me veoir, me prit d'abord en telle affection, qu'il m'offrit l'honneur de me tenir aupres de vous pour vostre instruction aux Mathematiques; dignes sciences des personnes de vostre qualité, ausquelles vous estiez ja fort aduancé. Mais cela ayant esté destourné, mesmes contre l'inclination que i'auois à luy complaire & le seruir; il ne laissa toutesfois de m'honorer de ses comman-*

ã ij

demens pour le receuoir : & estant informé des labeurs que i'entreprenois aux Mathematiques pour les donner au public, il me fit l'honneur de me dire qu'en si bon dessein il me vouloit ayder & faire du bien, comme il fit en effect fort liberalement, auec promesse de continuer, & me donner moyen de paracheuer le plus grand de mes desseins. Or sçachant que i'auois cette Trigonometrie, (principale partie des Mathematiques,) ja sur la presse, mais en Latin : il me commanda de la traduire en François, pour estre vtile à la France plus vniuersellement. Ce que i'entrepris tres-volontiers, pour luy tesmoigner mon obeïssance & mon ressentiment de la bien-veillance qu'il luy plaisoit me demonstrer. Mais comme les liures de Mathematique remplis de quantité de figures Geometriques, & de longues Tables arithmetiques, sont tousiours de longue haleine ; la traduction parmy les occupations de mes leçons publiques, & la fabrique des figures & des chiffres ont tellement retardé l'impression, qu'elle n'a peu estre acheuée qu'apres le decez de mondit Seigneur vostre Pere. Decez qui m'est vne perte & affliction des plus sensibles de ce monde, mesme à laquelle est à craindre que le public ne participe. Ie n'entreprens point icy de loüer vn si grand Homme d'Estat selon son merite, tant pour mon incapacité, que parce que ce champ est trop estroit, pour y estaller le nombre & les degrez de ses vertus, & les rares parties de son Esprit, bien recogneues & heureusement employées dans la France & chez les Estrangers, sous la sage conduitte de l'Eminentissime Cardinal Duc de Richelieu, merueille de son siecle. Seulement diray-ie, que comme entre les Seigneurs de France il auoit l'Esprit des plus polis dans toutes les sciences, & non seulement prenoit vn singulier plaisir d'en ouyr discourir les hommes capables, mais en discouroit luy-mesme en leur presence tres-eloquemment & grauement, iusques à leur causer de l'admiration : Aussi auoit-il vne grande inclination à en procurer l'esclarcissement & auancement ; comme il l'a tesmoigné à plusieurs,

TRIGONOMETRIE CANONIQVE,

Diuisée en trois Liures:

AVSQVELS LA THEORIE ET PRATIQVE des Triangles plans & spheriques sont traittées tres-exactement & breuement.

SVIVIS DV QVATRIESME LIVRE, contenant les Tables des logarithmes pour le calcul; à sçauoir leur construction, & leur vsage tres-ample & facile, afin qu'en cet œuure n'y ait rien à desirer.

DEDIÉ
A TRES-ILLVSTRE ET GENEREVX SEIGNEVR MESSIRE MARTIN RVZÉ, MARQVIS D'EFFIAT ET de Longemeau, Conseiller du Roy en son Conseil d'Estat, Grand Maistre des Mines de France, & Gouuerneur de la Prouince de Bourbonnois.

Par IEAN BAPTISTE MORIN *de Villefranche en Beaujollois, Docteur en Medecine, & Professeur du Roy aux Mathematiques à Paris.*

A PARIS,
Chez PIERRE MENARD, Libraire Iuré en l'Vniuersité de Paris, à la descente du Pont S. Michel, ruë Bouclerie, au Bon Pasteur.

M. DC. LVII.

& l'eust fait bien plus amplement s'il n'eust esté preuenu de son destin. De sorte qu'il est tres-vray que les sciences y ont perdu vn tres-bon Pere; d'autant plus à regretter, qu'ils sont tres-rares en ce siecle. Or ne voulant demeurer ingrat en son endroit, & vous recognoissant l'heritier non seulement de ses biens, mais encor de ses vertus; i'ay creu, MONSEIGNEVR, ne pouuoir plus dignement m'acquitter de ce que ie doibs à ses bienfaits & à sa memoire, que de vous offrir cette Trigonometrie, dont la traduction & impression sont de son commandement & de mon deuoir. Ie ne m'arresteray icy à vous loüer ceste piece qui se fera assez recognoistre pour ce qu'elle est; Mais bien vous diray-ie, qu'outre que ie veux que le public sçache qu'il en a l'obligation à feu Monseigneur vostre Pere; aussi en y trauaillant ay-ie heu dessein de faire chose qui luy tournast à honneur dans le choix qu'il faisoit des personnes, qu'il vouloit employer à escrire pour le public. Ie vous l'offre donc en toute humilité, Vous suppliant l'accepter au lieu du seruice que mondit Seigneur vostre Pere a desiré de moy pour vostre instruction, & pour arre de celuy que ie vous vouë. Que si ie recognois qu'elle vous soit agreable, comme elle vous sera necessaire en quelconque partie de Mathematique vostre Esprit se puisse delecter, Ce me sera vn aiguillon à faire encore mieux par cy apres, & à vous tesmoigner en tout ce qui me sera possible le desir que i'ay d'estre à perpetuité,

MONSEIGNEVR,

Vostre tres-humble, tres-affectionné, & tres-obeïssant seruiteur,
I. BAPTISTE MORIN.

A Paris le 6. Decembre 1631.

AV LECTEVR.

PEVT-estre t'esmerueilleras-tu (Lecteur) qu'apres Regiomontanus, Copernicus, le renommé Pitiscus, le tres-ingenieux Neper, Snellius, & autres Mathematiciens tres-excellens, i'aye encor osé mettre en lumiere vne Trigonometrie de ma façon; Comme si en ceste principale partie des Mathematiques, tels hommes & en tel nombre auoient laissé quelque chose à desirer, laquelle soit par moy supplée. Mais si tu peses l'affaire en iuste balance, tu trouueras que la Trigonometrie de Pitiscus (qui a remporté la palme par dessus ses deuanciers) est demeurée trop penible en quelques cas assez frequens aux triangles spheriques obliquangles, où il demande trois reigles de Trois pour l'inuention du costé ou de l'angle cherché: Et qu'outre ce toute sa doctrine pour iceux triangles, n'est des plus conuenantes au tres-facile calcul par les logarithmes. Et quant à Neper, qui sur tous autres a compris ceste science en peu de theoremes, & l'a tres-heureusement adapté au calcul des logarithmes par luy inuentez; il est certain qu'il ne l'a point demonstré, & mesmes ces propositions qu'il appelle tres-eminentes, par lesquelles il resoult d'vne admirable facilité tous triangles spheriques obliquangles; chose qui toutesfois estoit grandement souhaittée. Qu'ay-ie donc iugé estre à propos de faire pour l'entiere satisfaction des Esprits, & l'ornement des Mathematiques? Premieremēt au lieu de l'axiome 4 du liure 4 de la Trigonometrie de Pitiscus pour iceux triangles obliquangles; i'ay substitué le theoreme du chap. 2 du liur. 5. de Regiomontanus, comme plus commode pour les logarithmes: Puis i'ay demonstré toute la Trigonometrie tres-courte & tres-accomplie de Neper pour les triangles spheriques, entierement selon son intention: Et en fin pour l'admirable abbregé du calcul, i'ay adiousté la cōstruction, les plus nobles Tables,

& l'vſage tres-ample des logarithmes; de ſorte qu'à preſent ie ne voy rien à deſirer en cet œuure. Or combien grand eſt l'vſage de ceſte ſcience, il ſe peut bien definir en general; diſant qu'il eſt, Trouuer quelqu'angle ou quelque coſté qu'on voudra de tout triangle plan ou ſpherique propoſé, par quelques choſes données, ou ſuppoſées; mais en eſpece ou detail il ne ſe peut. Car bien que la Trigonometrie ſoit abſolument neceſſaire à la Geographie, Geodeſie, Nauigation, Aſtronomie, Optique, Fortification, & en ſomme à toutes les eſpeces de Mathematique iuſques icy inuentées, auſquelles on cherche la quantité determinée de quelque ligne droicte ou circulaire, ou bien de quelqu'angle; neantmoins on ne peut nier qu'il s'en peut encor deſcouurir de nouuelles eſpeces iuſques icy incognuës, auſquelles la meſme ſcience ſera pareillement neceſſaire, tant grande eſt l'eſtenduë de ſon vſage & neceſſité. Et comme on ne peut meſurer l'eſtenduë de ſon vtilité, auſſi ne peut-on meſurer celle du contentement qu'elle donne à l'eſprit; principalement en l'Aſtronomie, en laquelle les centres, diametres excentricitez, figures, & inclinaiſons des orbitez; enſemble les paralaxes, interualles, grandeurs, mouuemens, periodes, longitudes, latitudes, declinaiſons, leuer, coucher, mediations, aſcenſions, deſcenſions, diſtances, & pluſieurs autres choſes des corps celeſtes, ſont tres-exactement trouuées par la ſeule Trigonometrie: En ſorte qu'on peut dire à bon droict, que quaſi par elle ſeule ſont cueillis les fruicts tres-copieux de toutes les Mathematiques; & que celuy qui ſçaura ſeulement la Trigonometrie, ſçaura vne infinité de choſes tres-belles & vtiles dans les Mathematiques, ou aura le chemin tres-largement ouuert pour les trouuer. Or combien en le demonſtrant ie me ſuis eſtudié à vne breue & facile methode, ie t'en laiſſe le iugement; & euſſe le tout compris en moins de paroles, ſi ie n'euſſe heu eſgard aux apprentifs: Mais i'ay voulu profiter & plaire à tous, & plus à ceux qui en ont plus de beſoin. Que ſi cela me ſuccede à ſouhait, Tu verras en ſuitte, DIEV aydant (Lecteur) mes labeurs ſur la ſphere du Monde, & la Theorie des Planettes ſelon Copernicus & Kepplerus; enrichis non ſeulement des demonſtrations Mathematiques neceſſaires au ſujećt; mais auſſi de Philoſophiques diſcours pour lumiere en la Phyſique, qui ne ſont point vulgaires. Adieu.

Extraict du Priuilege du Roy.

PAR grace & priuilege du Roy, il est permis à IEAN BAPTISTE MORIN Professeur de sa Majesté aux Mathematiques à Paris, de faire imprimer par tel Imprimeur que bon luy semblera, & tant de fois qu'il voudra, le present œuure par luy composé De la Trigonometrie Canonique, diuisé en 4 liures. Ensemble de le vendre & debiter, ou faire vendre & debiter, par telle personne & de telle condition que bon luy semblera. Pour le temps & terme de dix ans accomplis, à compter du iour que sera acheuée la premiere impression. Auec deffenses à toutes personnes de quelque qualité & condition qu'ils soient, de l'imprimer ny debiter, ou faire imprimer ny debiter en quelque langue & maniere que ce soit, sans le consentement dudit MORIN, à peine de mille liures d'amende, & confiscation des Exemplaires. Mesmes si aucuns Imprimeurs ou Libraires, soit de ce Royaume ou traffiquans en iceluy, sont trouuez saisis d'autre impression que de celle qu'aura fait faire ledit MORIN, ils seront condamnez à pareille amende & confiscation que dessus. Voulant sa MAIESTE' que le present extraict ait force & vertu de signification, tout ainsi que si l'original estoit particulierement signifié à vn chacun, ainsi que plus à plain est contenu audit Priuilege. Donné à Paris le 26. iour de Iuillet 1632.

Par le Roy en son Conseil, RENOVARD.

Acheué d'imprimer le 7. Decembre 1632.

Ledit MORIN promet donner au premier qui luy descouurira, auec preuue euidente & suffisante, aucun contreuenant au susdit Priuilege; la moitié du droict d'amende à luy appartenant, qui sera payée par ledit contreuenant: les frais de Iustice prealablement deduits.

LIVRE PREMIER DE LA TRIGONOMETRIE CANONIQVE:

CONTENANT LES PREMIERS principes de toute la doctrine Trigonometrique.

QVE C'EST QVE TRIGONOMETRIE.

TRIGONOMETRIE est la doctrine de resoudre les triangles. Or tout triangle consiste de trois costez & autant d'angles; desquelles six parties estans cogneuës les trois quelsconques, on cherche les autres par la regle des proportions. Il faut donc qu'icelles parties soient proportionnelles entr'elles, & que leurs proportions soient cogneuës. Mais parce qu'on ne les peut sçauoir, si tout ce qui est de nature circulaire aux triangles (comme les angles en tous triangles, & les costez aux spheriques) n'est reduit en lignes droites : A ceste fin Hipparchus & les autres principaux Mathematiciens, ont tres-sagement conceu telle reduction par determination de la quantité qu'ont les lignes droites appliquees au cercle, comparees au demy diametre qu'ils nomment en ce lieu vulgairement, rayon. Et parce que tous les Mathematiciens diuisent le cercle en 360. parties égales, qu'ils appellent degrez; &

partant le demy cercle en 180. degrez, & le quart de cercle en 90: mais chacun degré est derechef subdiuisé en 60 minutes; de sorte que le quart de cercle se trouue ainsi couppé en 5400 petites parties égales: Si le demy diametre vient aussi à estre diuisé en 1000, 10000, 100000, ou plus grãd nombre de parties égales, la somme desquelles soit cõceuë estre referee ou cõparee aux susdites 5400 parties du quadrant; selon ceste relation seront determinees les lignes droittes appliquees à chacune partie du cercle, c'est à dire, sera definy quelle est leur quantité: & ainsi ce qui est de nature circulaire, sera reduit en nature rectiligne. Or il y a quatre especes de lignes appliquees au cercle, qui sont les subtendantes, les sinus, les tangentes & les secantes; de chacune desquelles nous traiterons cy dessous, apres auoir mis en auant les premieres & plus simples definitions necessaires à ceste doctrine.

DEFINITIONS.

I.

Cercle est une figure plaine, comprise d'vne seule ligne nommee circonference; A laquelle toutes les lignes tirees d'vn poinct pris dans la figure estans terminees, sont égales entre elles.

Comme dautant que toutes les lignes droites EA, EF, EDC, E tirees d'vn mesme poinct E, à la circonference ABCDF, sont égales entr'elles; pour ceste cause icelle figure sera appellee cercle, & le poinct E sera nommé centre du cercle, & la ligne AC passant par iceluy sera nommee diametre, diuisant tout le cercle en deux demy-cercles ABCA, & AFDCA. Or en ceste Trigonometrie, par le nom de demy-cercle se doit seulement entendre la demy-circonference ABC, ou AFDC.

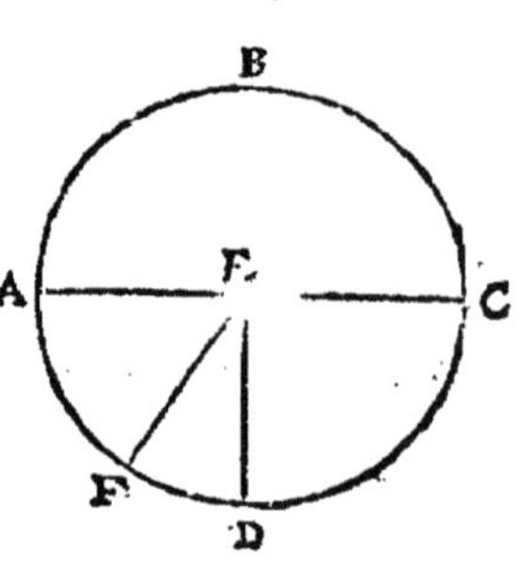

II.

Arc de cercle est vne partie de la circonference du cercle.

En ceste doctrine on considere trois sortes d'arcs; sçauoir le quart de cercle, ou quadrant; l'arc plus grand que le quadrant, mais plus petit que le demy-cercle; & l'arc plus grand que le quadrant: comme si en la figure cy-dessus le demy-cercle AFDC, est couppé en deux parties égales par la ligne ED ; lors AD sera quadrant, l'arc AF plus petit que le quadrant, & l'arc FDC plus grand que le quadrant, mais plus petit que le demy-cercle.

III.

Le complement d'vn arc simplement, est la difference d'iceluy arc au quadrant : mais son complement au demy-cercle est la difference d'iceluy au demy-cercle.

Comme en la figure cy-deuāt soit le demy-cercle AFDC & le quadrant AFD : le complement simplement de l'arc AF sera l'arc FD, parce qu'il est la differēce de l'arc AF, au quadrant AD : & le complement simplement de l'arc FDC, sera aussi l'arc FD, par lequel FDC differe du quadrant BC : mais le complement au demy-cercle de l'arc AF, est l'arc FDC, par lequel AF differe du demy-cercle AFDC.

IV.

Le cercle est appellé grand en la sphere, qui estant décrit d'vn poinct de la superficie spherique comme d'vn pole, diuise toute la sphere en deux hemispheres, ou parties égales, éloigné de ses poles du quart de cercle de toutes parts.

Comme si du poinct B, pris en la superficie de la sphere ABCD, est décrit le cercle AFCE, diuisant toute la sphere en deux hemispheres ABC & ADC ; iceluy cercle sera appellé grand par ceste definition. Et parce que ABC & ADC sont demy-cercles, & les poincts A & C également distans du pole B, duquel est décrit le cercle AECF ; il s'ensuit que BA & BC seront quarts de cercle : Et partant que la distance du cercle AECF au pole B, sera de tous costez le quadrant. Ainsi en est-il du poinct D, autre pole & opposite d'iceluy cercle AECF.

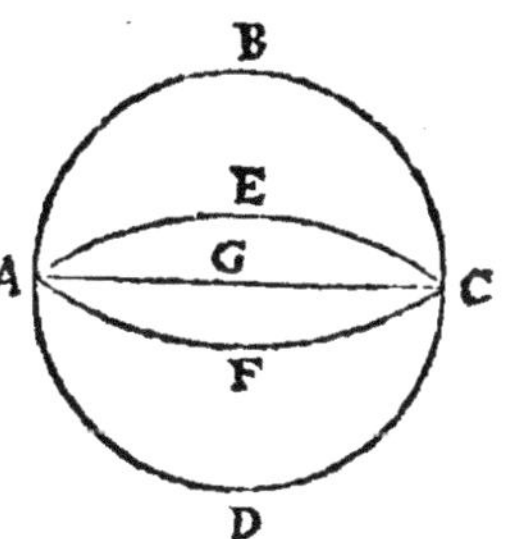

COROLLAIRE I.

De ceste definition s'ensuit, que le plan de tout grand cercle passe par le centre de la sphere ; autrement il ne diuiseroit la sphere en deux égalemment. Comme le plan du cercle AECF passe par le centre de la sphere ABCD.

COROLLAIRE II.

S'ensuit de plus, que la sphere & le grand cercle ont vn mesme diametre, sçauoir est passant par le centre de tous deux, & finissant à la circonference de tous deux. Comme le diametre AC, qui passe par G centre tant du grand cercle, que de la sphere.

COROLLAIRE III.

S'ensuit finalement que tous les grands cercles de la sphere sont égaux entr'eux, d'autant qu'ils ont mesme diametre. Ainsi les grands cercles ABCD & AECF ont mesme diametre AC, qui est le mesme que celuy de la sphere.

V.

Angle en ce lieu est le concours de deux lignes inclinees l'vne à l'autre, au poinct de leur mutuelle section.

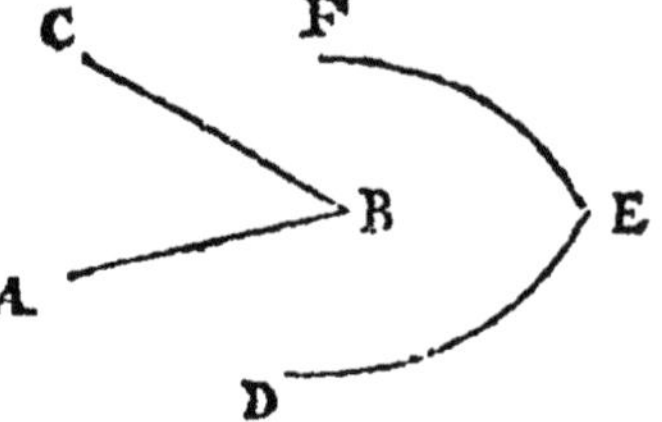

En ceste doctrine on cõsidere deux sortes d'angles; sçauoir le plain qui est compris de lignes droites; comme l'angle ABC compris des deux lignes droites AB & BC, se rencontrans au poinct B : & le spherique cõtenu de deux arcs de cercle. Comme l'angle DEF, contenu des deux arcs DE & EF, concurrans au poinct E.

VI.

La mesure d'vn angle, est vn arc de cercle décrit du poinct dudit angle, & compris entre les deux costez qui contiennent iceluy angle.

Comme la mesure de l'angle plain A, est l'arc BC, décrit du centre A, depuis le costé AB iusques au costé AC, qui contiennent ledit angle. Et la mesure de l'angle spherique F, est l'arc EG décrit du pole F, & cõpris entre les arcs FE & FG. Mais en Trigonometrie on mesure ordinairement l'angle spherique par l'arc d'vn grand cercle décrit d'iceluy angle cõme de son pole, & compris entre les costez qui cõtiennẽt l'angle, cõtinuez iusqu'au quart du cercle. Et les angles spheriques qui ont

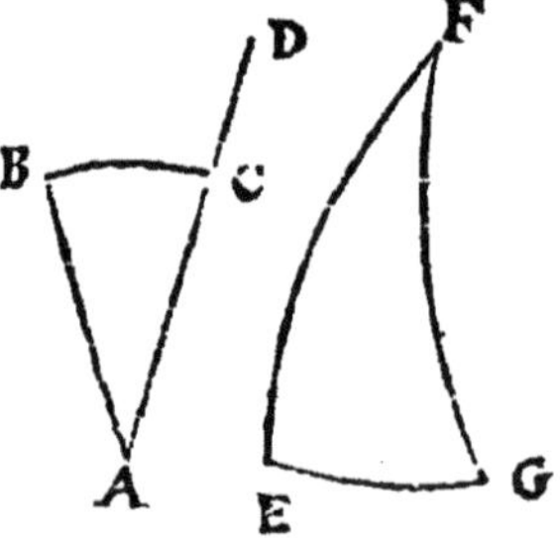

égale mesure, c'est à dire, qui ont pour mesure égaux arcs de mesme cercle, ou de cercles égaux, sont égaux entr'eux : & ceux qui l'ont inégale sont inégaux ; & ceux qui l'ont plus grande, sont plus grands. Et dautant qu'en tous triangles les angles se mesurent par arcs de cercle, il est par là euident qu'en tous triangles les angles sont de nature circulaire, comme il est dit cydessus.

VII.

Il y a de trois especes d'angles, à sçauoir le droit, qui contient iustement 90 degrez, ou qui est mesuré par le quadrant : l'obtus qui contient plus de 90 degrez, mais moins de 180, ou qui est mesuré d'vn arc plus grand que le quadrant, mais plus petit que le demy cercle ; & l'aigu qui a moins de 90 degrez, ou est mesure d'vn arc plus petit que le quadrãt. Or l'aigu & l'obtus sont cõmunément appellez obliques.

VIII.

Le complement d'vn angle simplement, est la difference d'iceluy à l'angle droit, ou 90. degrez : mais son complement au demy cercle, est le defaut d'iceluy à deux droits ou 180 degrez.

IX.

Triangle est vne figure comprise de trois costez, & de trois angles.

Lequel en ceste doctrine est consideré seulement de deux especes ; sçauoir le plain qui est décrit de trois lignes droites sur vn plan : Comme le triangle ABC, duquel les angles sont A, B & C : & les costez sont AB, AC, & BC. Et le spherique qui sur la sphere ou globe est décrit de trois arcs de grands cercles : Comme le triangle DEF, duquel les angles sont D, E, F, & les costez ou iambes sont les arcs DE, EF & FD. Or il est dit de grands cercles, dautant qu'en la Trigonometrie il ne se parle des triangles spheriques faits des petits cercles. Et le genre des triangles se diuise en rectangles & obliquangles.

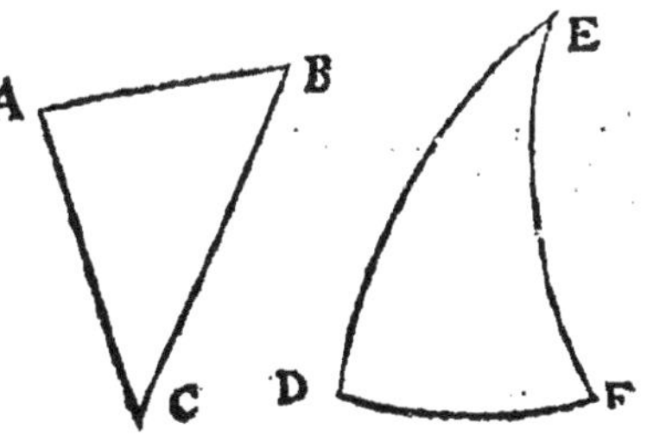

X.

Triangle rectangle est celuy qui a au moins vn angle droit.

Ie dis au moins, parce qu'encore que le triangle plain ne puisse auoir deux angles droits, *par la 32. propos. du 1. des Elem.* neantmoins au spherique ils peuuent estre tous droits.

XI.

Mais le triangle obliquangle est celuy duquel tous les angles sont obliques.

Et se subdiuise en obtusangle & acutangle.

XII.

Triangle obtusangle est celuy qui a quelque angle obtus.

Et au triangle spherique ils peuuent tous estre obtus.

XIII.

Mais l'acutangle est celuy duquel tous les angles sont aigus.

Et cecy seulement est commun aux triangles plains & spheriques.

XIV.

Hypothenuse est le costé, qui en tout triangle rectangle est opposé à l'angle droit.

On l'appelle aussi base en ceste sorte de triangles. Mais à parler vniuersellment, base en tout triangle est le troisiesme costé restant, apres les deux autres exprimez ou sous-entendus: Comme si au triangle DEF, les deux costez DE & EF, ou (qui est le mesme) les deux costez de l'angle E, sont nommez; le costé DF qui reste, sera entendu estre la base: & au contraire, si du mesme triangle le costé DF, est appellé base, DE & FE seront appellez costez; ce qui est à remarquer.

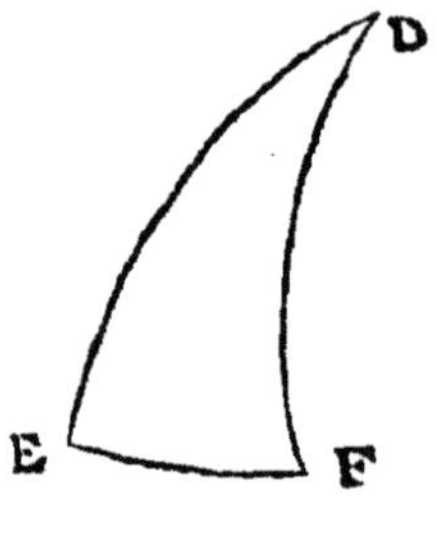

D

E

F

XV.

Subtendente est vne ligne inscrite au cercle, le diuisant en deux segmens, sous chacun desquels elle est estenduë.

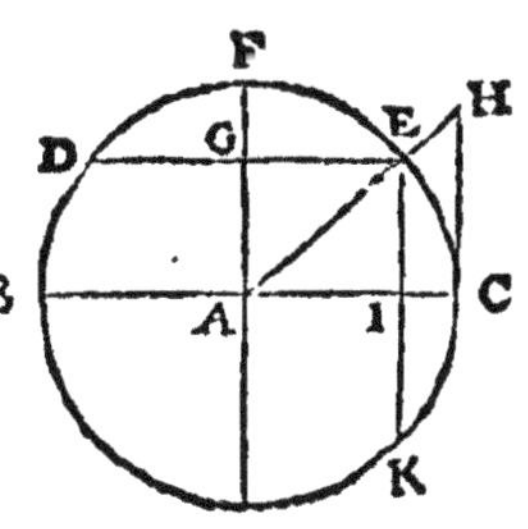

Et icelle eſt ou grãde, qui diuiſe le cercle en deux égalemẽt; ou moindre, qui le diuiſe inégalemẽt. Comme au cercle BDF, duquel le centre eſt A, la ligne droite ou diametre BC eſt la grande ſubtendente; mais la ligne DE ou EK eſt mineure ſubtendente; parce que celle-la diuiſe le cercle égalemẽt, mais non celles-cy. Or toute la ſubtendente eſt dans le cercle, & ſes deux extremitez en la circonference.

XVI.

Sinus eſt vne ligne droite totalement contenuë dans le cercle, mais appliquee à quelque arc d'iceluy ſelon vne ſeule de ſes extremitez.

Et y en a de deux ſortes, à ſçauoir le droit, & le verſe; mais toutes & quantesfois qu'on trouue dans les Autheurs ce mot de ſinus ſimplement, il faut touſiours entendre le droit: qui eſt auſſi appellé par quelques-vns le premier ſinus; & le ſinus verſe, ſecond ſinus, ou bien auſſi proſinus.

XVII.

Le ſinus droit de quelque arc, eſt la moitié de la ſubtendente du double d'iceluy arc.

Cõme le ſinus droit de l'arc EC eſt la ligne droite EI, moitié de la ligne EK, ſubtendente de l'arc ECK double de l'arc EC. Or il y a deux ſortes de ſinus droit; à ſçauoir le ſinus total, qui eſt le demy diametre du cercle, & s'appelle auſſi rayon, referé au quart du cercle, comme le ſinus BA au quadrant BF: Et le ſinus moindre que le total, referé à vn arc plus petit que le quadrant, comme le ſinus DG à l'arc DF: Et partant rayon, demy diametre du cercle & ſinus total ſont vne meſme choſe.

XVIII.

Le ſinus verſe de quelque arc, eſt vne partie du demy diametre compriſe entre la ſubtendente du double d'iceluy arc, & le meſme arc.

Comme en la figure cy-deſſus I C eſt le ſinus verſe de l'arc EC; parce qu'il eſt partie du demy diametre AC, compriſe entre l'arc ECK, double de l'arc EC, & ſa ſubtendente EK.

XIX.

La tangente d'vn arc, est vne ligne droite perpendiculairement éleuee sur le sinus verse, du concours d'iceluy & de son arc, iusques à la rencontre de la ligne droite, tiree du centre du cercle par l'autre extremité du mesme arc.

Comme en la figure cy-dessus, la ligne CH éleuee perpendiculairement du poinct C, sur IC sinus verse de l'arc EC, & rencontrant la ligne AH tiree du centre A par le poinct E; est appellee tãgente de l'arc EC : parce qu'elle touche iceluy arc au poinct C, *par la 16. prop. du 3. des Elem.* Or toute tangente est entierement hors du cercle.

XX.

La secante d'vn arc, est vne ligne droite tiree du centre par l'vne des extremitez dudit arc, iusques à la tangente du mesme arc.

Comme AH est la secante de l'arc EC ; parce que tiree du centre A par l'extremité E, elle est continuee iusques à la rencontre de CH tangente du mesme arc. Or toute secante est appliquee partie dedans, partie dehors le cercle, & partant est plus grande que le rayon.

SCHOLIE.

Es tables des sinus, tangentes & secantes, ces lignes sont seulement referees à des arcs plus petits que le quadrant, excepté le sinus total, comme est dit cy-dessus : Et non seulement aux arcs dont elles sont les sinus, tangentes & secantes, comme est monstré cy-dessus; mais aussi aux angles formez au centre, & soustenus d'iceux arcs; puisque les angles au centre, & les arcs qui les soustiennent, sont definis par mesme quantité; voire que l'arc est mesure de l'angle au centre qu'il soustient par la 9. defin. *C'est pourquoy en ceste mesme figure EI sera le sinus droit, non seulement de l'arc EC, mais aussi de l'angle EAC : Et IC sera le sinus verse de tous deux, CH la tangente, & AH la secante. Et ainsi en est-il des complemens des arcs & des angles, puis qu'iceux complemens sont aussi arcs ou angles. Or la quantité du sinus, tangente ou secante de* quelque

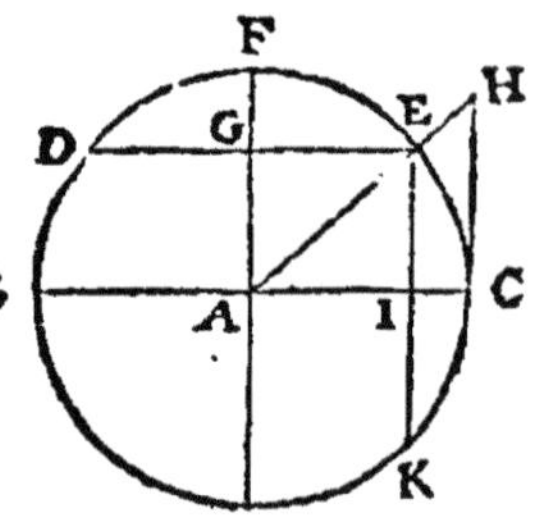

quelque arc que ce soit, est determinee selon qu'est supposée la quantité du rayon (comme est dit au commencement) dans les Tables ou canons construits pour ceste Trigonometrie, laquelle à cause de ce, est appellee Canonique.

Ces definitions doncques estans ainsi exposees, nous leur mettrons en suitte quelques theoremes generaux sur tous autres necessaires à l'vne & l'autre Trigonometrie, plaine & spherique: car pour ceux qui ne sont icy necessaires, qui les voudra sçauoir, consulte les Autheurs: & commencerons par les plus signalees proprietez des lignes droites appliquees au cercle, comme s'ensuit.

THEOREME I.

Aux cercles inégaux, comme le rayon de l'vn est au rayon de l'autre; ainsi les sinus tant droits que verses de l'vn, sont aux sinus tant droits que verses, de semblables arcs de l'autre cercle.

Aux quadrans des cercles inégaux BCD & FGH, soient pris semblables arcs CD, GH; Et des centres A & E soient menees AC, EG; puis de C & G descendent les perpendiculaires CI, GL: Et lors IC & LG seront les sinus droits des semblables arcs CD & GH, *par la 17. defin.* Mais ID, LH, seront les sinus verses des mesmes arcs, *par la 18. defin.* Ie dis maintenant que le rayon AC est au rayon EG, comme le sinus droit CI, au sinus droit GL; & comme le sinus verse ID, au sinus verse LH. Car puisque les arcs CD & GH sont semblables, les angles aux centres CAD & GEH, seront égaux, *par la 10. def. du 3. Elem.* Or les angles I & L sont aussi égaux entr'eux, car ils sont droits; doncques les triangles ACI & EGL seront semblables. Et partant comme AC est à EG, ainsi sera CI à GL; & AI à EL, *par la 4. prop. du 6. Elem.* Et puis que le tout AD ou AC, est au tout EH ou EG; comme l'osté AI, à l'osté EL: aussi le reste ID sera au reste LH, comme le tout AD, au tout EH, *par la 19. prop. du 5. Elem.* ainsi qu'il est proposé.

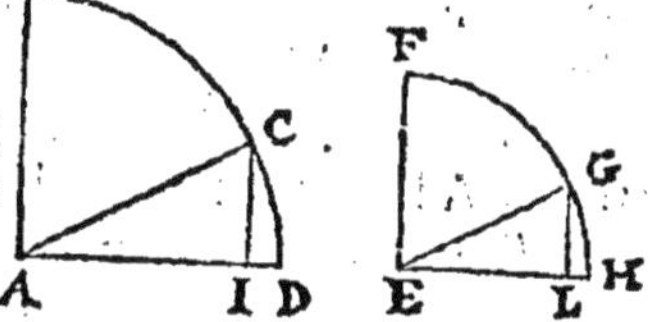

THEOREME II.

La ligne droite menee par le centre du cercle, diuisant vne subtendente en deux également, diuise aussi de mesme l'arc subtendu. Et au contraire.

Que la ligne droite DB menee par E centre du cercle, diuise la subtendente AC en deux parties égales au poinct F. Ie dis que les arcs ABC, & ADC subtenduz par icelle AC, sont aussi diuisez en deux égalemenr. Car tirant les lignes EA & EC; puis que les deux costez AE & EF du triangle AEF, sont égaux aux deux costez CE & EF du triangle CEF, & les bases AF & FC, aussi égales; les angles AEB & CEB seront aussi égaux, *par la 8. prop. du 1. Elem.* Et par consequent les arcs AB & BC aussi égaux; car ils sont les mesures d'iceux angles, *par la 6. defin.* Ostant donc ces arcs, des deux égaux demy-cercles BAD & BCD; resteront les arcs AD & CD aussi égaux entr'eux: Donc les arcs ABC & ADC sont diuisez égalemenr; ce qu'il falloit demonstrer.

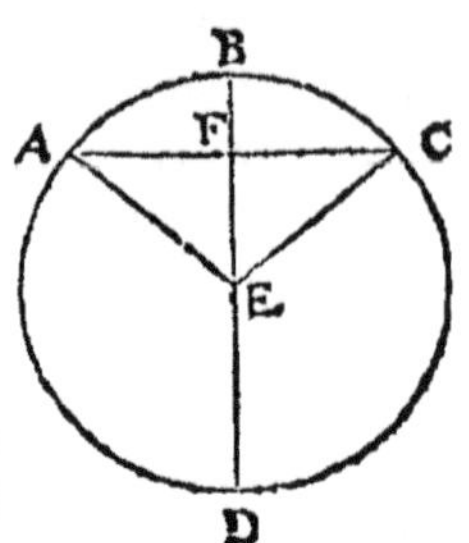

Soit au contraire l'arc ABC diuisé également en B. Ie dis que sa subtendente AC est aussi diuisee également en B. Car tirant comme dessus EA & EC; puis que les arcs AB & BC sont égaux, les angles AEF & CEF qu'ils mesurent, seront aussi égaux, *par la 6. defin.* Et partant les deux costez AE & EF du triangule AEF, estans égaux aux deux costez CE & EF du triangle CEF; & les angles AEF & CEF aussi égaux entr'eux, comme a esté prouué; les bases AF & CF seront aussi égales entr'elles, *par la 4. prop. du 1. Elem.* Doncques AC diuisee également en F, comme il est proposé.

COROLLAIRE.

Doncques par la mesme propos. 4. les angles au poinct F seront aussi égaux entr'eux, & droits par consequent.

THEOREME III.

Le sinus d'vn arc, & le sinus de son complement, peuuent autant que le rayon.

Au quadrant FC, soit EI sinus de l'arc EC; & GE sinus de l'arc FE, complemét de l'arc EC, *par la 3. def.* Ie dis que EI & GE peuuent autant que le rayon AE: c'est à dire, que les quarrez des lignes IE & GE, sont égaux aux quarrez de la ligne AE. Car puis que FC est le quart du cercle, l'angle FAC sera droit, *par la 7.*

defin. Or l'angle AIE est droit aussi, *par le corol. du theor. 2.* Doncques GA & EI seront paralelles, *par la 28. prop. du 1. Elem* Et de mesme GE & AI serõt paralelles; Et partant GI sera paralellogramme, & GE sera égale à son opposee AI, *par la 34. prop. du 1. Elem.* Or les quarrez de AI & IE sont égaux au quarré de AE, *par la 47. prop. du 1. Elem.* Donc les quarrez de GE & EI seront aussi égaux au quarré de AE; ce qu'il falloit demonstrer.

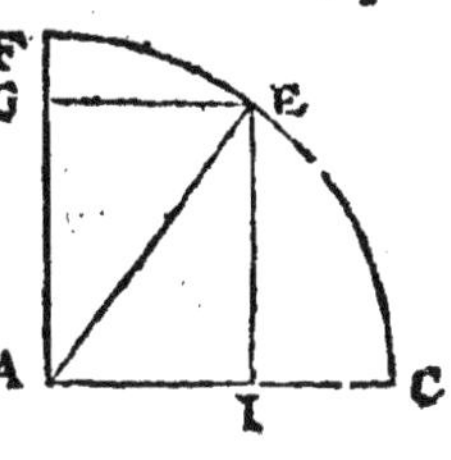

COROLLAIRE.

D'où s'ensuit, qu'on aura le sinus verse de quelque arc que ce soit, si du rayon on oste le sinus du complement dudit arc. Comme pour auoir le sinus verse de l'arc EC; ostez GE sinus de son complement ou son égale AI, du rayon AC; & restera IC sinus verse d'iceluy EC.

THEOREME IV.

Au quadrant le sinus d'vn arc est milieu proportionnel entre le demy-rayon, & le sinus verse de l'arc double du premier.

Au quadrant CE soit l'arc ED, son double EV, & leur sinus EP, VT; mais TE sinus verse de l'arc EV. Ie dis que la moitié du rayõ AE est à EP, comme EP à ET: Et partant que PE est moyenne proportiõnelle entre le demy-rayon & ET. Car puis qu'aux triãgles APE & VTE, les angles P & T sont égaux, à sçauoir droits *par le corol. du theor. 2.* & que l'angle E est commun à tous deux, iceux triangles seront equiangles, *par la 32. prop. du 1. Elem.* Et par consequent le rayon AE sera à VE; ou bien (qui est tout vn) le demy-rayon sera à la demy VE, qui est EP, comme EP à ET, *par la 4. prop. du 6. Elem.* ainsi qu'il est proposé.

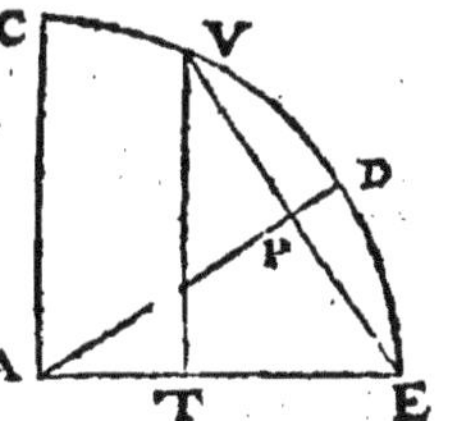

THEOREME V.

Comme le rayon est à la tangente d'vn arc; ainsi le sinus de son complement est au sinus du mesme arc.

Soit CH tangente de l'arc EC, *par la 19. defin.* son sinus EI, & le sinus de son complement GE, demonstree égale à AI, *par le theor. 3.* Ie dis que le rayon AC est à la tangente CH, comme GE à EI. Car puis que l'angle ACH est droit, *par la 16. prop. du 3. Elem.* &

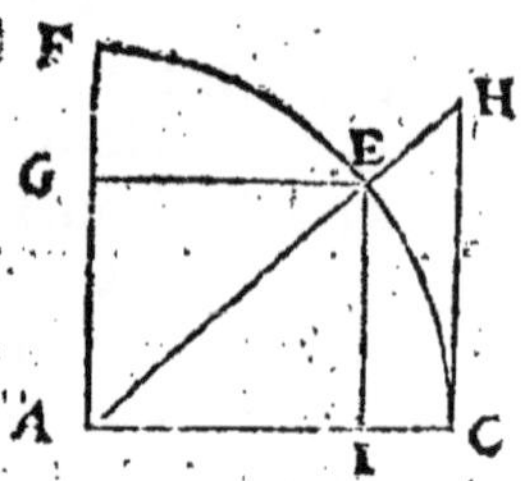

que l'angle I est droit aussi *par le corol. du theor. 2*; CH & IE seront paralelles, *par la 28. prop. du 1. Elem.* & par consequent les triangles A C H & A I E equiangles. Doncques cõme est le rayon AC, est à la tangente CH; ainsi sera AI ou son égale GE, à EI, *par la 4. prop. du 6. Elem.* ainsi qu'il est proposé.

THEOREME VI.

Le rayon est milieu proportionnel entre la tangente d'vn arc, & la tangente de son complement.

Soit l'arc AI, duquel la tangente AE; son complement IO, duquel la tangente OV: Et le rayon soit PA, ou PO. Ie dis que EA est au rayon, comme le rayon à OV. Car puis que les angles O & A sont droits, *par la 16. prop. du 3. Elem.* & que l'angle OPA est droit aussi, parce qu'il est l'angle du quadrant; OV & PA seront paralelles, comme aussi PO & AE, *par la 28. prop. du 1. Elem.* Et par consequent les triangles PAE & POV equiangles; veu mesme que l'angle AEP est égal à l'alterne OPV, & le restant APE au restant OVP, *par la 29. prop. du 1. Elem.* Donc comme la tangente AE est au rayon AP, ainsi sera le rayon PO à la tãgente OV, comme il est proposé.

THEOREME VII.

Les tangentes des arcs sont reciproquement proportionnelles aux tangentes de leurs complemens.

Soient le premier arc AE, & le second AI, & leurs tangentes AF & AV; mais leurs cõplemens soiét OE & OI; & leurs tangentes OD & OP. Ie dis que comme la tangente du premier arc est à la tãgente du second; ainsi reciproquement la tangente du second est à la tangente du premier. c'est à dire, que AF est à AV, comme OP à OD. Car AF est au rayon AB; comme AB ou BO est à OD, *par le theor. 6.* Et partant le rectangle compris ſous AF & OD ſera égal au quarré du rayon, *par la 17. prop. du 6. Elem.* Et tout de meſme le rectangle ſous AV & OP ſera égal au quarré du rayon. Donc iceux rectangles ſeront égaux entr'eux ; & par conſequent auront leurs coſtez reciproquement proportionnels, *par la 16. prop du 6. Elem.* C'eſt à dire, AF ſera à AV, comme OP à OD, ainſi qu'il eſt propoſé.

THEOREME VIII.

Le rayon eſt milieu proportionnel entre le ſinus d'vn arc, & la ſecante de ſon complement.

Soit en la precedente figure du theor. 5. l'arc FE, & ſon ſinus GE, le complemēt EC, duquel le ſinus eſt EI, & la ſecante AH. Ie dis que GE ou ſon égale AI, eſt au rayon AC ; comme AC ou AE eſt à la ſecante AH. Car EI eſt parallele à CH, *par le theor. 5.* Donc les triangles AIE & ACH ſeront equiangles : Et par conſequent AI ou ſon égale GE, ſera à AC, comme AC ou AE eſt à AH, *par la 4. prop. du 6. Elem.* ainſi qu'il eſt propoſé.

THEOREME IX.

Les ſinus des arcs & les ſecantes de leurs complemens, ſont reciproquement proportionnelles.

Soient le premier arc BC, ſon ſinus HC & la ſecante de ſon complement AG : le ſecond arc BD, ſon ſinus ID & la ſecante de ſon complemēt AF. Ie dis que comme le ſinus du premier arc, eſt au ſinus du ſecond ; ainſi reciproquement eſt la ſecante du complement du ſecond arc, à la ſecante du complemēt du premier. C'eſt à dire que HC eſt à ID, comme AF à AG : Car comme HC ſinus de l'arc BC, eſt au rayon AC ; ainſi eſt AC à AG ſecante du complement, *par le theor. 8.* Et partant le rectangle contenu ſous HC & AG, eſt égal au quarré du rayon AC, *par la 17. prop. du 6. Elem.* Et tout de meſme le rectangle ſous ID & AF, ſera égal au quarré du rayon AD. Donc iceux rectangles ſont égaux ; & par conſequent ils auront leurs coſtez reciproquement proportionnels, *par la 16. prop. du 6. Elem.* C'eſt à dire HC ſera à ID, comme AF à AG, ainſi qu'il eſt propoſé.

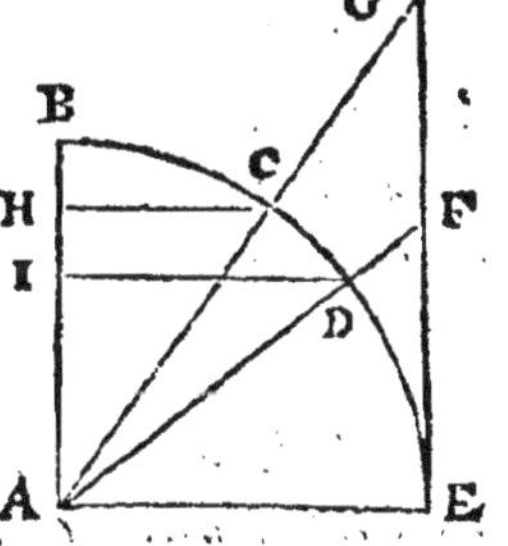

SCHOLIE.

Et voila les principales proprietez des lignes droites appliquees au cercle; par lesquelles sont resolus les triangles, & construites les tables des sinus, tangentes & secantes.

Car de trois lignes appliquees, proportionnelles entr'elles, deux estans donnees, on trouuera l'autre ainsi. Si les extremes, sçauoir la majeure & la mineure sont donnees en nombre, qu'elles soient multipliees; car la racine quarree du produit, sera la moyenne appliquee. Et si la moyenne est donnee auec l'vne des extremes; il sera par la regle de trois comme l'extreme donnee à la moyenne; ainsi la moyenne à l'autre extreme.

Comme dautant que par le theor. 6. le rayon PA est milieu proportionnel entre AE tangente de l'arc AI, & OV tangente de son complement; Et par consequent AE, PA & OV sont proportionnelles entr'elles: Si les extremes AE & OV sont donnees en nombre, & qu'elles soient multipliees; la racine quarree du produit sera la moyenne PA: si AE & PA sont donnees, soit fait par la regle de trois, comme AE à PA, ainsi PA à vn autre, & viendra OV: Mais si OV & PA sont donnees, soit fait comme OV à PA ainsi PA à vne autre, & viendra AE. Ainsi est-il des autres.

AE. PA. OV.

Mais de quatre lignes appliquees proportionnelles entr'elles, trois estans donnees, on trouuera aussi facilement la quatriesme par la regle de trois; parce que des trois donnees, l'vne est à l'autre, comme la troisiesme à la quatriesme qu'on cherche.

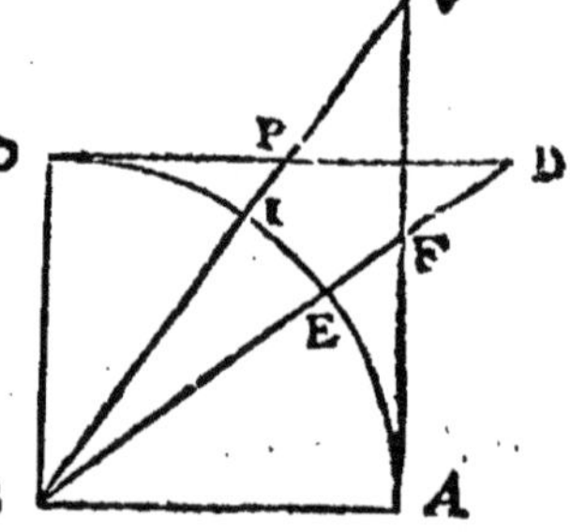

Comme dautant que par le theor. 7. les tangentes des arcs sont reciproquement proportionnelles aux tangentes de leurs cõplemens: Et par consequent en ceste figure AF est à AV cõme OP à OD; Et au rebours AV est à AF, comme OD à OP, par la 4. propos. du 5. Elem. Et alternatiuement AF est à OP comme AV à OD, par la 16. prop. du 5. Elem. Et derechef au rebours OP est à AF, comme OD à AV; laquelle combination de raisons est icy representee: Il s'ensuit que de ces quatre grandeurs, les trois quelsconques estans donnees, la quatriesme sera *trouuee en deux façons. Comme si on cherche AF par les autres trois donnees; soit fait par la regle de trois, comme OD à OP, ainsi AV à vne autre, & viendra AF: Ou bien soit fait comme OD à AV, ainsi OP à AF. Semblablement si on cherche OP, soit fait comme AV à AF; ainsi OD à OP: Ou bien comme AV à OD, ainsi AF à OP: Et ainsi des autres, comme les lignes qui conioignent les termes des raisons le monstrent au doigt. Ce qu'il faut remarquer pour chacune de analogies qui se rencontreront au second & troisiesme liure.*

AF —— AV

OP —— OD

Or ces extractions de racines, & regles de trois, sont faites d'vne promptitude admirable par les logarithmes, comme sera dit en leur vsage. Et ayant trouué ces lignes appliquees, dans les Tables des sinus; ou leurs logarithmes dans les Tables des logarithmes; on verra vis à vis dans les mesmes Tables les arcs du cercle qui leur conuiennent, comme sera enseigné en l'vsage des logarithmes des arcs du quadrant. Et ainsi aura-on la cognoissance de toutes les appliquees, & des arcs du cercle qui leur conuiennent.

THEOREME X.

En la sphere les grands cercles se coupent en deux également.

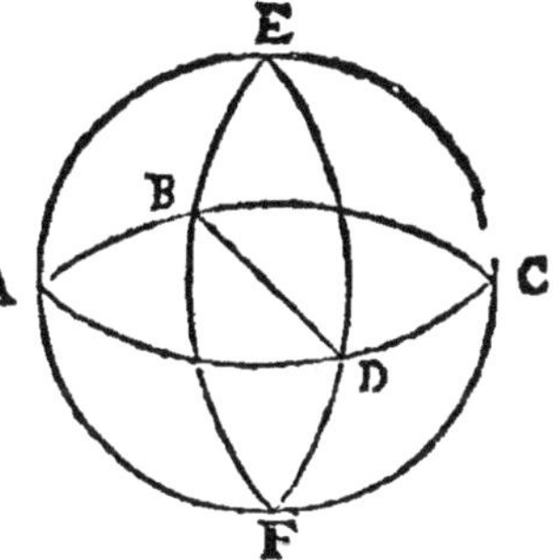

En la sphere AECF soient deux grands cercles ABCD & BEDF se coupans en B & D. Ie dis qu'ils se coupent en deux également. Car tirant la ligne BD, puis que chacun des cercles passe par le centre de la sphere, *selon le 1. corol. de la 4. defin.* le centre tant de la sphere, que des deux cercles, sera en la ligne BD leur commune section; & par consequent BD sera le diametre de l'vn & l'autre cercle. Ils se diuisent donc l'vn l'autre en deux également, ainsi qu'il est proposé.

THEOREME XI.

Vn grand cercle de la sphere passant par les poles d'vn autre grand cercle, le coupe en angles droits. Et au contraire.

En la sphere soient E & F, les poles du grand cercle ABCD; par lesquels passe vn autre grand cercle BEDF, coupant le premier en B & D. Ie dis que ces cercles se coupent en angles droits. Car du pole B soit décrit sur la sphere vn autre grand cercle AEC. Et parce que BE & BA sont quadrans *par la 4. desin.* AE sera la mesure de l'angle spherique A B E *par la 6. desin.* Or A E est quadrant, *par la 4. desin.* car E est pole du cercle ABC; donc l'angle A B E sera droit, *par la 7. desin.* Et par consequent les cercles A B C D & B E D F, coupez en angles droits, ainsi qu'il est proposé.

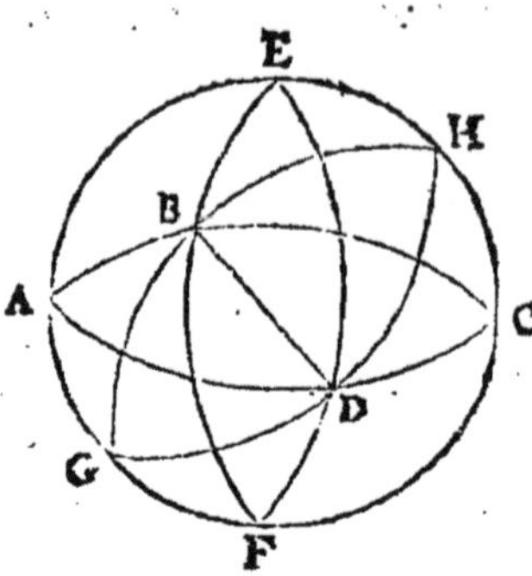

Or au contraire que le grand cercle ABCD, coupe l'autre grãd cercle BEDF, en angles droits aux poincts B&D. Ie dis que le cercle BEDF passe par les poles du cercle ABCD. Autrement qu'vn autre cercle BHDG coupant aussi le cercle ABCD en B & D, passe par les poles d'iceluy en G & H: Donc il le coupera en angles droits par la premiere partie du theoreme; & partant l'angle ABE qui est droit par l'hypothese, sera égal à l'angle ABH, à sçauoir la partie au tout, ce qui est absurde. Doncques le cercle BEDF passe par les poles du cercle ABCD, ce qu'il falloit demonstrer.

COROLLAIRE.

De là s'ensuit, que si vn grand cercle passe par les poles d'vn autre grand cercle, cestuy-cy passera reciproquement par les poles de l'autre. Car ils se couperont en angles droits, par la premiere partie du theoreme; doncques l'vn passera par les poles de l'autre reciproquement, par la seconde partie.

THEOREME XII.

Les costez d'vn angle spherique continuez iusques à leur concours, sont demy-cercles; Et l'angle du concours est égal au precedent opposé.

Que les costez AB & AC de l'angle spherique BAC, soient continuez iusques à leur concours en F. Ie dis en premier lieu que ABF & ACF sont demy-cercles. Car iceux costez estans arcs de grands cercles, *par la 19. desin.* qui se

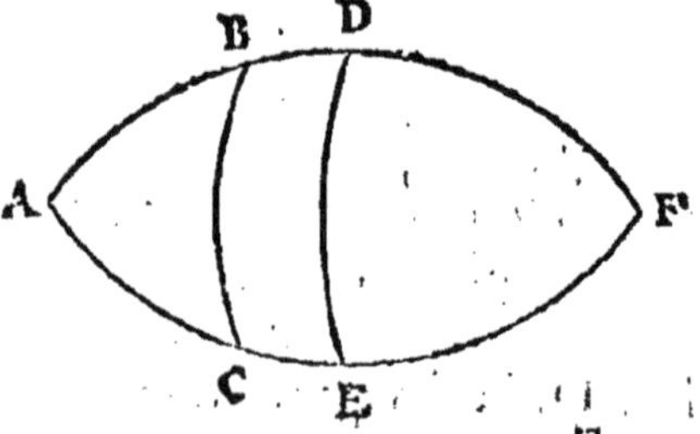

F, *par*

coupent en parties égales aux poincts A & F *par le 10. theor.* AEF & ADF seront donc demy cercles.

Ie dis en second lieu, que l'angle F est égal à l'angle A. Car diuisant iceux demy cercles en quadrans aux poincts E & D, & du pole A ou F descriuant l'arc DE, il sera la mesure tant de l'vn que de l'autre angle; & partant ils seront égaux *par la 6. defin.* comme il est proposé.

THEOREME XIII.

L'arc d'vn grand cercle tombant sur l'arc d'vn autre grand cercle, fait deux angles droits, ou égaux à deux droits.

Que l'arc d'vn grand cercle EB, tombe sur l'arc ABC d'vn autre grand cercle, faisant les deux angles EBA & EBC. Ie dis qu'ils sont droits, ou égaux à deux droits. Car si EB passe par le pole de l'arc ABC, les angles seront droits *par le theor. 11.* Mais si EB ne passe par iceluy pole: De B soit esleué l'arc BD passant par iceluy pole; & les angles ABD & DBC seront droits: Or l'angle DBC est égal aux deux angles DBE & EBC; ausquels adioustant le commun ABD, les deux angles ABD & DBC, seront

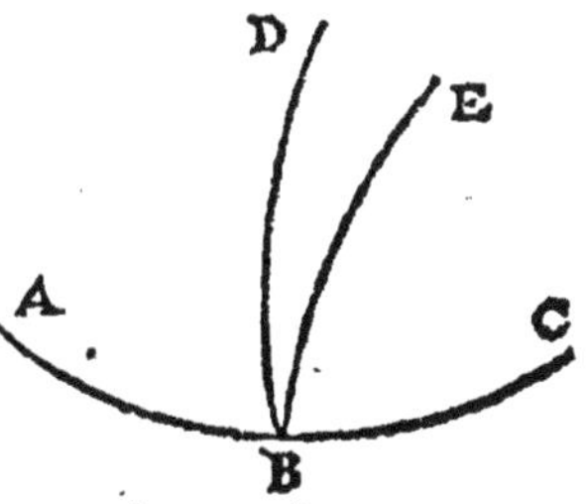

égaux aux trois ABD, DBE & EBC: Et tout de mesme les deux angles EBA & EBC, seront égaux aux mesmes trois ABD, DBE & EBC; doncques les deux angles EBA & EBC sont égaux aux deux droits ABD & DBC *par le 1. ax. du 1. Elem.* comme il est proposé.

SCHOLIE.

Il est dit dans le Theoreme sur l'arc d'vn autre grand cercle; parce que les angles faits d'vn grand cercle tombant sur vn petit, sont plus petits que deux droits.

THEOREME XIV.

Les arcs des grands cercles se coupans, font les angles opposez au sommet égaux entr'eux.

Que les arcs AB & CD se coupent mutuellement en E. Ie dis que les angles opposez AEC & DEB sont égaux. Car les angles AEC & CEB sont égaux à deux droits, *par le theor. 13;* Et les angles CEB & BED sont aussi égaux à deux droits: Donc les deux angles AEC & CEB sont égaux aux deux angles CEB & BED. Ostant donc l'angle commun CEB, resterôt AEC & DEB égaux entr'eux, comme il est proposé; car le mesme est des autres opposez AED & CEB.

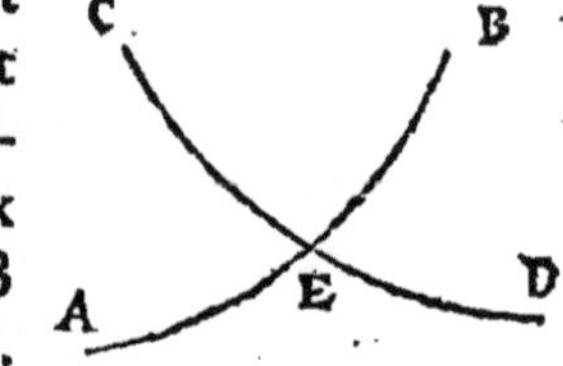

THEOREME XV.

Les costez de tout angle spherique continuez iusques au concours, font vn autre triangle opposé au premier, qui ont mesme base, & les angles égaux au concours: Mais les autres parties d'vn des triangles sont complemens au demy-cercle des parties adjacentes de l'autre triangle.

Que les costez AB & AC du triangle ABC soient continuez iusques au cõcours D. Ie dis qu'il se forme vn autre triãgle CBD opposé au premier ABC, qui ont mesme base, &c: Car premierement ils ont mesme base BC. Secondement, les angles au concours A & D sont égaux, *par le 12. theor.* Et finalement puis que ABD & ACD sont demy-cercles *par le mesme theor.* donc le costé BD sera complement au demy-cercle du costé AB: & le costé CD complement au demy-cercle du costé AC. Semblablement puis que les angles au poinct B sont égaux à deux droits, ou au demy-cercle *par le th. 13.* donc l'angle CBD sera complement au demy-cercle de l'angle CBA: & l'angle BCD, complement au demy-cercle de l'angle BCA; comme il est proposé.

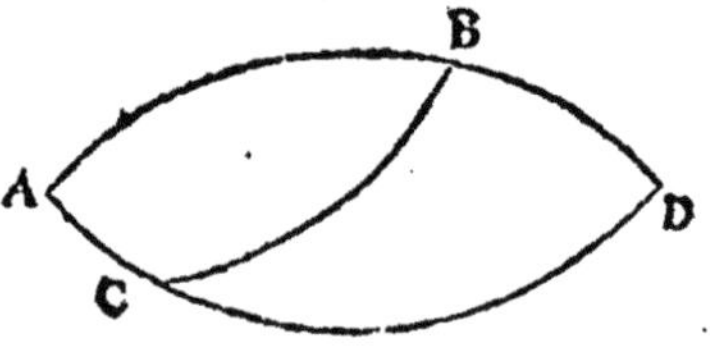

THEOREME XVI.

Au triangle rectangle ayant continué vn costé iusques au pole de l'autre, & de là tiré vn arc à l'autre bout d'iceluy autre costé, il se forme vn autre triangle qui ont mesme costé commun, & le costé de l'vn égal à l'angle de l'autre. Mais les autres parties d'vn des triangles, sont complemens des parties de l'autre.

Au triangle ABC duquel l'angle A est droict, soit continué le costé AB, iusques à D pole de l'autre costé AC; & soit tiré l'arc DC. On aura deux triangles ABC & BDC qui ont le costé BC commun. Et parce que DC passe par le pole du costé AC; DC sera quadrãt *par la 4. defin.*, & l'angle ACD droit *par le theor. 11*; & partant le costé AC sera la mesure de l'angle D, *par la 6. defin.* doncques égal à iceluy; comme aussi le costé DC égal à l'angle A : & les angles au poinct C seront complement l'vn de l'autre; comme les angles au poinct B sont complement au demy-cercle l'vn de l'autre.

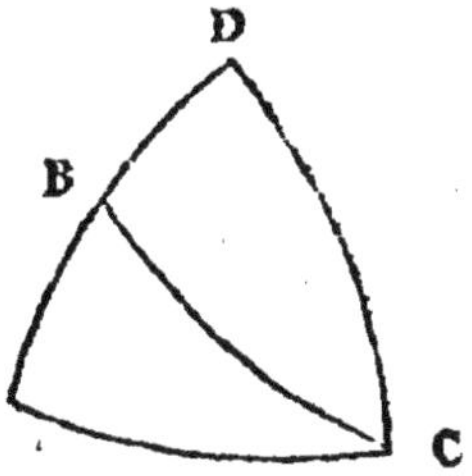

SCHOLIE.

Si les angles au poinct B sont inegaux, ils auront mesme complement; & le plus petit angle sera complement d'iceluy complement. Comme si l'angle ABC est de 80 degrez, & DBC de 100 degr. la difference de l'vn ou l'autre au quadrant qui est 10, sera leur commun complement : & le plus petit angle 80, sera complement du susdit complement.

THEOREME XVII.

Au triangle obliquangle duquel vn costé est quadrant, ayant continué l'vn des autres iusques au quadrant, & conjoint iceux quadrants par vn arc tiré de l'angle qu'ils contiennent comme du pole; il se forme vn autre triangle, & arriue le mesme qu'au theoreme 16.

Comme au triangle obliquangle BDC cy dessus duquel le costé DC est quadrant, si on continuë BD iusques au quadrant en A, & de l'angle D on tire l'arc AC, il se formera vn autre triangle BAC rectangle en A, *par le theor. 11.* & en ces deux triangles arriue le mesme qu'au theoreme 16.

COROLLAIRE.

Donc en ces trois derniers theoremes, estant cogneuë quelque partie que ce soit d'vn des triangles, sera aussi cogneuë sa correspondante en l'autre triangle; & partant de la resolution de l'vn, appert la resolution de l'autre.

THEOREME. XVIII.

Si en la superficie de la sphere on prend quelque poinct hors la circonference d'vn cercle, qui ne soit le pole d'iceluy cercle; & que de ce poinct on tire des arcs de grand cercle à la susdite circonference: le plus grands des arcs tirez, sera celuy qui passera par le pole du cercle susdit; & le plus petit sera son complement au demy-cercle. Mais des autres le plus proche du plus grand, est plus grand que le plus esloigné: & l'angle compris de l'arc tiré & de la circonference est obtus du costé du plus grand arc, mais aigu du costé du plus petit.

Soit en la sphere le grand cercle BFG, duquel le pole est A; par lequel passe vn autre grand cercle BAC, auquel estant pris vn autre poinct D, soient d'iceluy tirez les arcs de grand cercle DF & DG. Ie dis en premier lieu, que des arcs tirez du poinct D à la circonference BFG, le plus grand est DAB, qui passe par le pole A; & le plus petit est DC reste du demy-cercle. Mais que l'arc DF proche de l'arc DAB est plus grand que l'arc DG qui est plus esloigné. Car puis que le cercle BAC, passe par le pole du cercle BFG, il le coupera en angles droits *par le theor. 11*; & partant les plans d'iceux cercles seront l'vn à l'autre en angles droits; & le diametre BC sera leur commune section. Donc que du poinct D sur le diametre BC, tombe la perpendiculaire DE,

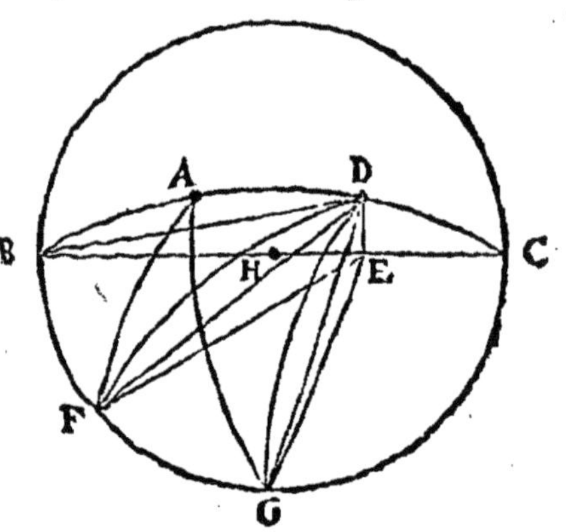

hors le centre de la sphere H: & soient menées les lignes droites BD, FD, GD; comme aussi FE, & GE: Et DE sera perpendiculaire à BE, FE, GE, & CE, *par la 3. defin. du 11. Elem.* Mais EB sera la plus gande de toutes les lignes droites tirées du poinct E, parce qu'elle passe par le centre H; & EC sera la plus petite; & EF plus grande que EG *par la 7 prop. du 3. Elem.* Or puis que BE est plus grande que FE, comme a esté monstré; si on leur adiouste la commune ED, les quarrez de BE & ED seront plus grands que les quarrez de FE & ED : Or le quarré de BD est égal aux quarrez de BE & ED; & le quarré de FD est égal aux quarrez de FE & ED *par la 47. pr. du 1. Elem.* Donc le quarré de BD est plus grand que le quarré de FD; & partant BD plus grande que FD: donc aussi l'arc BD subtendu de la ligne droite BD sera plus grand que l'arc FD subtendu de la ligne droite FD *par la 26. prop. du 3. Elem.* Et par mesme raison sera demonstré que le mesme arc BD est plus grand que l'arc GD, & que tout autre tiré du poinct D : donc l'arc BD est le plus grand de tous; or il sera tout de mesme demonstré que l'arc FD est plus grand que l'arc GD ; & que GD, ou quelque arc que ce soit tiré entre G & C, est plus grand que l'arc DC. Doncques DC est le plus petit de tous : Et quant aux autres, le plus proche du plus grand, est plus grand que le plus esloigné ; qui est la premiere partie du theoreme.

Ie dis en second lieu que l'angle DFB est obtus, & l'angle DFG aigu. Car de A pole du cercle BFG, tirant vn arc de grand cercle au poinct F; l'angle AFB sera droit *par le th. 11.* Donc l'angle DFB est obtus, & DFG aigu ; & ainsi en est-il par mesme raison des angles au poinct G. Tout le theoreme est donc vray, ce qu'il falloit demonstrer.

THEOREME XIX.

Les angles d'vn triangle spherique rectangle, sont de mesme affection ou espece que les costez opposez. Et au contraire.

Par les costez d'vn triangle rectangle on entend les deux qui contiennent l'angle droit ; & l'autre costé se nomme base ou hypothenuse ; & ainsi se doiuent entendre les 3. theoremes suiuans. Or les costez sont dits estre de mesme affection ou espece quand chacun d'eux est quadrant, ou plus grand ou plus petit que le quadrant. Er pareillement deux angles sont dits de mesme espece, quand l'vn & l'autre est droit, ou plus grand ou plus petit qu'vn droit. Mais les angles & les costez sont dits de mesme espece, quãd le costé est quadrant, & l'angle droit ; ou le costé plus grand qu'vn quadrant, & l'angle obtus ; ou en fin le costé plus petit qu'vn quadrant, & l'angle aigu.

Cela estant posé ; maintenant au triangle CGE descript sur la sphere & rectangle en E, soit premierement le costé CE quadrant, duquel le pole soit F; & le costé GE plus petit que le quadrant FE. Ie dis que l'angle CGE opposé au costé CE est droit; & partant de mesme espece qu'iceluy costé CE. Car puis que l'angle E est droit, CE passera par le pole du cercle GE, *par le corol. du th. 11.* Et puis que CE est quadrant, C sera donc iceluy pole *par la 4. defin.* & par consequent CG coupera GE en angles droits au poinct G *par le theor. 11.* comme il est proposé.

Soit en second lieu le costé ED plus petit que le quadrant. Ie dis que l'angle opposé DGE est aigu. Car du pole C menant l'arc CG, l'angle CGE cy dessus demonstré droit, sera plus grand que l'angle DGE; donc DGE est aigu.

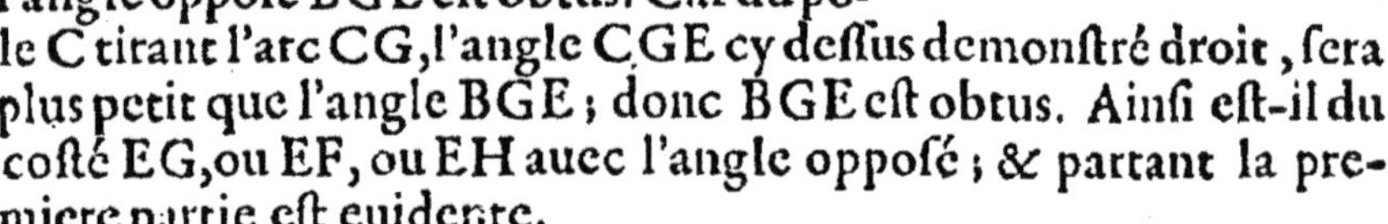

Soit en fin au triangle BEG le costé BE plus grand que le quadrant. Ie dis que l'angle opposé BGE est obtus. Car du pole C tirant l'arc CG, l'angle CGE cy dessus demonstré droit, sera plus petit que l'angle BGE; donc BGE est obtus. Ainsi est-il du costé EG, ou EF, ou EH auec l'angle opposé; & partant la premiere partie est euidente.

Or au contraire soit à la base CG l'angle CGE droit. Ie dis que le costé opposé CE est quadrant. Car les angles en G & E estans droits, CG & CE passeront par le pole du cercle GE *par le theor. 11.* Donc le poinct C où ils se coupent sera iceluy pole; & partant CE quadrant *par la 4. defin.*

Que si on fait l'angle BGE plus grand qu'vn droit; le costé opposé BE sera plus grand que le quadrant: autrement l'arc GB conuiendroit ou auec GC, & ainsi se feroit angle droit en G; ou auec l'arc GD, & ainsi se feroit angle aigu en G; ce qui est contre l'hypothese.

Que si en fin l'angle DGE est aigu, le costé opposé DE sera plus petit que le quadrant: autrement il sera égal au quadrant, ou plus grand; & ainsi se feroit en G angle droit, ou obtus, contre l'hypothese.

THEOREME XX.

Au triangle spherique rectangle, si l'vn des costez est quadrant, la base sera aussi quadrant: mais si les deux costez sont de mesme espe-

ce, tous deux plus grãds ou plus petits que le quadrant, la base sera plus petite que le quadrant; & s'ils sont de diuerse espece, l'vn plus grand & l'autre plus petit que le quadrant, la base sera plus grande que le quadrant. Et au contraire.

1. Ayant cõme en la precedẽte figure descrit sur la sphere le grãd cercle ABC, duquel le pole est F, par lequel passe vn autre grand cercle AHF: soit en premier lieu au triangle spherique CGE l'angle E droit, & le costé CE quadrant. Ie dis que la base CG est quadrant. Car l'angle E estant droit, EC passera par le pole du cercle GE *par le th. 11.* Et puis que EC est quadrant, doncques C sera icelluy pole; & par consequent CG sera aussi quadrant, *par la 4. defin.*

2. Soient en secõd lieu les costez GE & ED de mesme espece, & chacun plus petit que le quadrant, F estant pole du cercle ABC. Donc la base GD sera plus petite que le quadrant GC, *par le th. 18.* Et le mesme sera du triangle GAD rectangle en A, duquel les costez GA & AD sont chacun plus grand que le quadrant: car la base GD a esté monstrée plus petite que le quadrant GC.

3. Que si en fin les costez sont de diuerse espece, comme GE plus petit que le quadrant, & EB plus grand que le quadrant: la base GB sera plus grande que le quadrant CG *par le theor. 18.* Et partant la premiere partie est euidente.

4. Or au contraire dans le triãgle CGE rectangle en E, soit la base CG quadrant. Ie dis que l'vn des costez est quadrant. Autrement si nul d'iceux est quadrãt, la base sera plus petite que le quadrant, *par le 2. poinct de ce theor.* ou plus grande *par le 3.* ce qui est contre l'hypothese. Or on sçaura lequel des costez est quadrant par les angles à la base CG *selon le theor. 19.*

5. Mais au triangle DGE soit la base GD plus petite que le quadrant. Ie dis que les costez sont de mesme espece, & chacun d'eux est plus petit ou plus grand que le quadrant. Autrement s'ils sont de diuerse espece, & l'vn d'iceux est quadrant, la base sera aussi quadrant *par le 1. poinct de ce theor.* Et si nul d'iceux est quadrant, la base sera plus grande que le quadrant *par le 3. poinct:* ce qui est contre l'hypothese. Doncques sçachant l'espece de l'vn, on sçaura l'espece de l'autre.

6. Soit en fin au triangle BGE la base BG plus grande que le qua-

drant. Ie dis que les coſtez ſont de diuerſe eſpece, & l'vn d'eux plus grand, l'autre plus petit que le quadrant. Autrement ſ'ils ſont de meſme eſpece, & tous deux quadrans, la baſe ſera quadrant *par le 1. poinct de ce theor.* Si nul d'iceux eſt quadrant, la baſe ſera plus petite que le quadrant *par le 2. poinct* : ce qui eſt contre l'hypotheſe. Tout le theoreme donc eſt demonſtré.

THEOREME XXI.

Au triangle ſpherique rectangle, ſi l'vn des angles en la baſe eſt droit, la baſe ſera quadrant : Et ſi tous deux ſont de meſme eſpece, la baſe ſera plus petite que le quadrant : mais s'ils ſont de diuerſe, elle ſera plus grande. Et au contraire.

En la meſme figure ſoit en premier lieu au triangle CEG rectangle en E, l'angle CGE en la baſe CG droit. Ie dis que CG eſt quadrant. Car puis que les angles E & CGE ſont droits; GC & EC paſſeront par le pole du cercle EG *par le theor. 11.* Et partant C ſera le pole, & CG quadrant *par la 4. defin.*

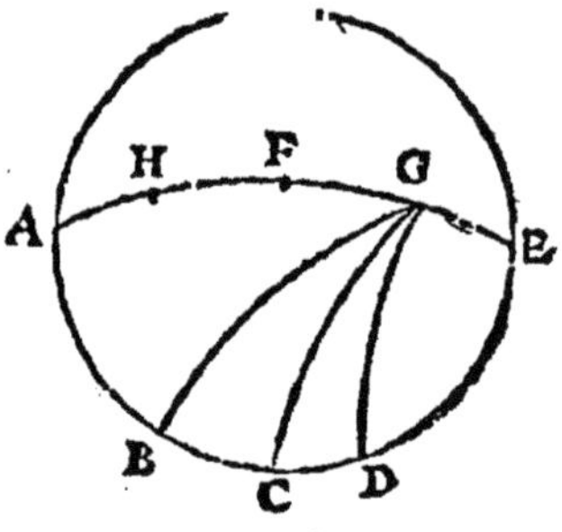

Soient en ſecond lieu au triangle DGE les deux angles en la baſe GD aigus. Dõc chacun des coſtez oppoſez ſera plus petit que le quadrant, *par le theor. 19.* Et partant la baſe plus petite que le quadrant, *par le theor. 20.* Et ſ'enſuiura le meſme des deux angles obtus en l'oppoſite triangle GAD.

Soient en fin au triangle EGB, les angles en la baſe GB de diuerſe eſpece; l'vn plus grand, & l'autre plus petit que le quadrant. Donc les coſtez oppoſez ſeront auſſi de diuerſe & correſpondante eſpece *par le theor. 19.* & partant la baſe GB plus grande que le quadrant, *par le theor. 18.* ainſi qu'il eſt propoſé. La conuerſion de ce theoreme eſt manifeſte par celle du precedent.

THEOREME XXII.

Au triangle ſpherique ſi les angles obliques en la baſe ſont de meſme eſpece; l'arc perpendiculaire tombera de l'angle vertical, dans le triangle : mais dehors s'ils ſont de diuerſe eſpece.

Au triangle ABC, que les angles B & C en la baſe BC ſoient de meſme

mesme espece, & premierement tous deux aigus. Ie dis que de l'angle vertical A opposé à la base, l'arc perpendiculaire tombera dans le triangle. Autrement qu'il tombe dehors comme AE, rencontrant la base continuée en E. Puis donc que l'angle ACB est posé aigu; donc ACE sera obtus, *par le theor. 13.* Et partant au triangle ACE rectangle en E, l'arc AE sera plus grand que le quadrant; & par consequent au triangle AEB rectangle en E, l'angle B sera obtus, *par le theor. 19.* Ce qui est contre l'hypothese, & absurde.

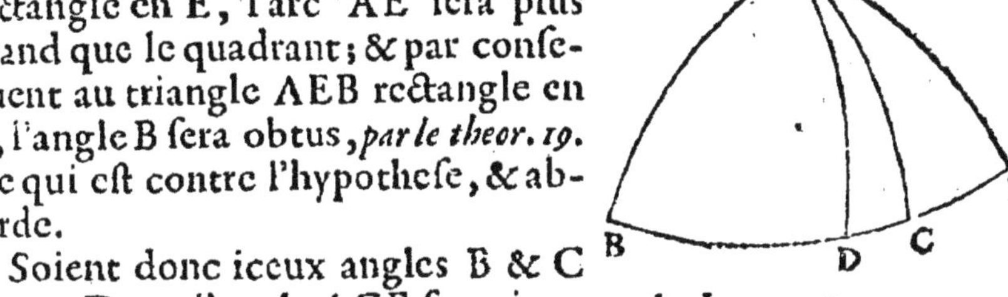

Soient donc iceux angles B & C obtus. Donc l'angle ACE sera aigu, *par le theor. 13.* & partant au triangle rectangle ACE, l'arc AE sera plus petit que le quadrant; & consequemment au triangle rectangle AEB, l'angle B sera aigu, *par le theor. 19.* ce qui est encor contre l'hypothese. Donc les angles à la base BC estans de mesme espece, l'arc perpendiculaire ne tombera de l'angle vertical hors le triangle. Or il ne conuiendra pas aussi auec AB ou AC, parce que chacun des angles en B & C, est posé oblique: Il tombera donc dans le triangle comme AD, ainsi qu'il est proposé.

Mais maintenant que les angles obliques en B & C soient de diuerse espece. Ie dis que l'arc perpendiculaire tombera de A hors le triangle. Autrement qu'il tombe dedans comme AD: & que B l'vn des angles soit aigu, & C l'autre obtus. Donc AD sera plus petit que le quadrant, au triangle rectangle ABD; & au triangle rectangle ADC le mesme AD sera plus grand que le quadrant, *par le theor. 19.* ce qui est absurde. Donc l'arc perpendiculaire ne tombera de A dans le triangle. Or il ne conuiendra pas aussi auec AB ou AC, comme a esté monstré cy dessus. Donc il tombera dehors ainsi qu'il est proposé. Et ce theoreme se conuertit.

THEOREME XXIII.

Si les costez d'vn triangle spherique sont de mesme espece, tous deux plus petits ou plus grands que le quadrant, le quadrant tombera de l'angle qu'ils contiennent hors le triangle: mais s'ils sont de diuerse espece, l'vn plus grand & l'autre plus petit que le quadrant : le quadrant tombera dans le triangle.

Que les costez DB & BE du triangle DBE soient de mesme espece, chacun plus petit que le quadrant : & que de l'angle B qu'ils contiennent tombe vn quadrant sur la base DE. Ie dis qu'il tombera hors le triangle. Car ne pouuant conuenir auec aucun des costez plus petit que le quadrant, qu'il tombe donc dans le triangle, comme BA; & que de B tombe l'arc perpendiculaire BF, premierement hors le triangle; les angles estans posez en D aigu & en E obtus, *par le theor. 22.* Et dautant qu'au triangle rectangle ABF, la base AB est quadrant; l'vn des angles à la base sera droit, *par le theor. 21.* Si c'est BAF, donc B sera pole du cercle AF, *par le theor. 11* & BE, BD aussi quadrans, *par la 4. defin.* contre l'hypothese. Si c'est ABF, donc l'angle DBF sera obtus au triangle DBF; & partant la base DB plus grande que le quadrant, *par le theor. 21.* ce qui est encor contre l'hypothese. Donc le quadrant tombera hors le triangle.

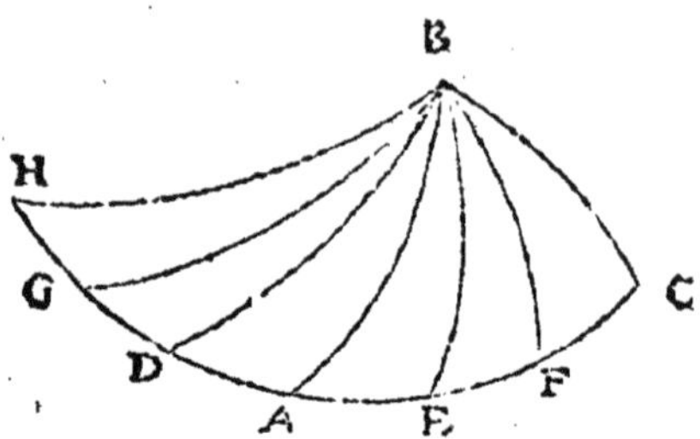

On prouuera le mesme par mesme raison au triangle donné DBC, auquel l'arc perpendiculaire tombe dans le triangle; les angles estans posez aigus en D & C. Et le mesme arriuera par semblable raison, les costez du triangle estans posez plus grands que le quadrant.

Or maintenant que les costez GB & BE du triangle donné GBE, soient de diuerse espece; sçauoir GB plus grand, & BE plus petit que le quadrant : & que de l'angle B sur la base GE tombe le quadrant. Ie dis qu'il tombera dans le triangle. Car il ne conuiēdra pas auec aucun des costez inégaux au quadrant : & partant qu'il tombe donc hors le triangle, comme BH; & que de B tombe l'arc perpendiculaire BF, premierement hors le triangle, les angles estans posez en G aigu, & en E obtus, *par le theor. 22.* Et parce qu'au triangle HBF, la base HB est quadrant; l'vn des angles en la base sera droit, *par le theor. 21.* Si c'est BHF, donc B sera pole du cercle HF, *par le theor.11.* & BE, BG aussi quadrans, contre l'hypothese. Si c'est HBF, donc l'angle GBF sera aigu au triangle rectangle GBF; & partant la base GB plus petite que le quadrant, *par le theor.21.* ce qui est aussi contre l'hypothese.

Il en sera tout de mesme au triangle GBC, auquel l'arc perpendiculaire BF tombe dans le triangle, les angles estans posez en G & C aigus. Donc le quadrant tombera dans le triangle; ce qu'il falloit demonstrer.

THEOREME XXIV.

Si le triangle spherique est acutangle, chacun de ses costez est plus petit que le quadrant.

Soit du triangle ABC chacun des angles aigu. Ie dis que chacun de ses costez est plus petit que le quadrant. Car de C & A soient esleuez sur AC, les arcs perpendiculaires AD, CD, lesquels faisans auec AC des angles droits, tomberont hors du triangle, & se rencontreront en D pole de l'arc AC, *par le theor.11.* Si donc de D, par l'angle vertical B, on tire vn arc perpendiculaire, il tombera dans le triangle, *par le theor.22.* Et partant au triangle rectangle BEC, les deux angles EBC & ECB à la base BC seront aigus; & consequemment la base BC plus petite que le quadrant, *par le theor. 21.* Et par mesme raison AB & AC seront demonstrez chacun plus petit que le quadrant; ainsi qu'il est proposé.

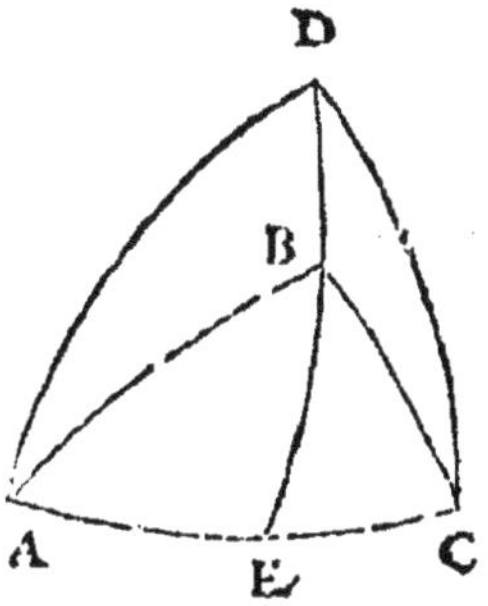

THEOREME XXV.

Estans donnez les trois costez d'vn triangle spherique, est aussi dõnée l'espece de chacun angle opposé à chacun costé. Et au contraire.

Si deux costez sont de mesme espece, chacun plus grand ou plus petit que le quadrant, & la base non moindre que le quadrant: l'angle qu'ils contiennent sera obtus. Comme si au triangle GED rectangle en E, duquel les deux costez sont plus petits que les quadrans FE & EC; la base GD plus petite que le quadrant *par le theor.20,* est continuée iusques au quadrant ou plus en I: & que de

I soit tiré l'arc IE, qui soit aussi plus petit que le quadrant, comme est l'arc DE : il appert qu'il se fera l'angle GEI, opposé à la base GI, plus grand que le droit GED, ou bien obtus.

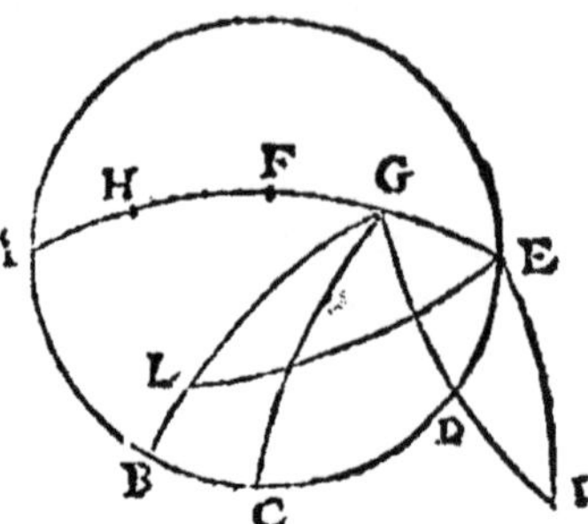

Et si les deux costez sont de diuerse espece, & la base n'excede le quadrant; l'angle qu'ils contiennent sera aigu. Car si au triangle BGE rectangle en E, duquel le costé GE est plus petit que le quadrant FE, & le costé EB excede le quadrant; la base GB est coupée en L, en sorte que GL n'excede le quadrant; & que de L soit tiré l'arc LE, qui soit aussi plus grand que le quadrant, comme est l'arc BE; il appert qu'il se fera l'angle GEL opposé à la base GL, plus petit que le droit GEB, ou bien aigu.

Mais si les deux costez sont de mesme espece, & la base plus petite que le quadrant : Que les sinus des complemens des costez soient multipliez l'vn par l'autre, & le produit diuisé par le rayon : Car si le quotient est égal au sinus du complement de la base, l'angle opposé à icelle sera droit; si plus grand, obtus; si plus petit, aigu.

Et si en fin les deux costez sont de diuerse espece, & la base plus grande que le quadrant : Que les sinus des complemens des costez soient multipliez l'vn par l'autre : Car si le produit est égal au sinus du complement de la base, l'angle est droit; si plus petit, obtus; si plus grand, aigu.

SCHOLIE.

Doncques les 7 derniers theoremes comptez depuis le xvi, seruent à definir en diuerses manieres de quelle espece sont les costez & les angles des triangles; ce qui importe grandement pour la certitude & promptitude du calcul.

LIVRE SECOND DE LA TRIGONOMETRIE CANONIQVE.

CONTENANT LA THEORIE, ET pratique des triangles plans.

AYANT iuſques icy ſuffiſamment expoſé les principes de toute la Trigonometrie; il eſt maintenant à propos de venir à la meſure des triangles, qui eſt le but de ceſte ſcience. Et parce qu'on ne conſidere en ce lieu que deux ſortes de triangles, & qu'en cet art, tout circulaire doit eſtre reduit au rectiligne, comme a eſté dit dés le commencement: A ceſte cauſe par ordre de doctrine, les triangles plans ſeront traittez auant que les ſpheriques. Or tout triangle rectiligne ſe peut auſſi autrement meſurer qu'icy, comme auons demonſtré au 2. liure des Elemens; mais parce qu'aux plus grands triangles (tels qu'ils ſont en la ſphere du Monde) outre que telle methode ſeroit tres-penible, on ne pourroit encor par icelle ſçauoir les angles des triangles. C'eſt pourquoy ceſte-cy eſt donnée tres-briefue & tres-facile par les Tables des logarithmes, par leſquelles ſont trouuez tant les coſtez que les angles de tout triangle, ainſi qu'on verra cy apres.

Or noſtre deſſein eſtoit d'adioindre aux logarithmes des arcs du quadrant, les ſinus & tangentes vulgaires qui leur correſpondent; comme a eſté fait en la premiere Table pour les nombres abſolus:

afin que par ce moyen les costez des triangles plans fussent plustost cogneus quand on les chercheroit : mais en fin plusieurs causes m'en ont destourné. La premiere, qu'en la resolution des triangles spheriques ausquels les Astronomes s'occupent le plus, icelles Tables des sinus & tangentes vulgaires sont tout à fait inutiles; & suffisent les seules Tables des logarithmes, tant pour les costez que pour les angles. La seconde, qu'ayant trouué par la resolution du triangle, le logarithme de quelque costé d'vn triangle plan ; à grand peine se trouuera-il iamais exactement dans les tables, le sinus ou tangente vulgaire d'iceluy ; mais presque tousiours plus grand ou plus petit : Parquoy pour auoir l'exact, il faut prendre la partie proportionnelle, comme on fait en toutes Tables. Or par le chap. 2. du liure 4. on trouuera pour le moins aussi tost le nombre exact conuenant à quelque logarithme que ce soit ; ou bien le logarithme conuenant à quelque nombre donné que ce soit. La 3. que les Tables vulgaires des sinus se trouuans par tout, il est tousiours libre à vn chacun de se trauailler l'esprit en icelles touchant les theoremes de ceste Trigonometrie. La 4. en fin, que par les trois causes cy dessus i'ay veu que ie grossirois ce liure desdites Tables sans necessité, & en augmenterois le prix sans vtilité, ce qui repugne à la charité. Donc toutes ces causes pour les deux seules Tables des logarithmes expliquées aux chapitres 3. & 4. du liure 4. m'ont semblé estre suffisantes.

THEOREME I.

En tout triangle plan les costez ont raison l'vn à l'autre, comme les sinus des angles opposez.

Soit le triangle plan ABC quel qu'on voudra. Ie dis qu'il y a mesme raison du costé AB au costé BC, qu'il y a du sinus de l'angle C opposé au costé AB, au sinus de l'angle A opposé au costé BC. Car à l'entour du triangle soit descrit le cercle ADBG *par la prop. 5. du 4. Elem.* Puis ayant diuisé les costez AB & BC en deux parties égales aux poincts F & H ; soient de E centre du cercle, par F & H tirées les lignes ED & EG, qui diuiseront aussi les circonferences ADB & BGC en deux également, *par le theor. 2. du 1. liure :* Et partant ayant tiré BE, l'angle au centre BED, moitié de l'angle AEB sera égal à l'angle C en la circonference, *par la prop.*

20. du 3. Elem. & semblablement l'angle BEG sera égal à l'angle A. Or FB est sinus de l'angle BEF, *par le schol. de la 20. defin.* ou de son égal C : & tout de mesme HB sera sinus de l'angle A. Puis donc que FB est par la construction moitié du costé AB ; & HB moitié du costé BC ; & qu'il y a mesme raison du tout au tout, que de la moitié à la moitié, *par la 14. prop. du 5. Elem.* Le costé AB sera au costé BC ; cõme FB sinus de l'angle C, à HB sinus de l'angle A. Et ainsi des autres costez & angles opposez ; ce qui estoit proposé.

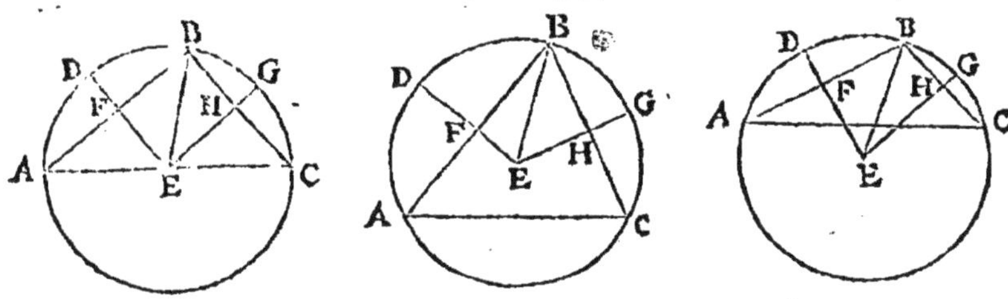

COROLLAIRE I.

Il appert donc qu'en tout triangle plan, la moitié de chacun costé est sinus de l'angle opposé ; & partant que les costez des triangles sont omologues ou de mesme raison que les sinus des angles opposez ; car comme vn tout est à sa moitié, ainsi l'autre tout à sa moitié, par la 14. prop. du 5. Elem. *D'où vient que chacun costé peut estre pris pour le sinus de son angle opposé ; & au contraire le sinus de chacun angle, pour le costé qui luy est opposé, quant à la raison ou proportion.*

COROLLAIRE II.

Il s'ensuit aussi que donnant deux angles d'vn triangle, & vn costé opposé à l'vn d'iceux, on trouuera les autres parties du triangle. Car les trois angles d'vn triangle rectiligne estans égaux à deux droits, par la prop. 32. du 1. Elem. *soient du triangle ABC donnez le costé BA de 40 stades, & deux angles A de 60 degrez, & B de 70 : Donc la somme d'iceux angles 130 degr. estant ostée de 180, ou deux angles droits, resteront 50 degrez pour l'autre angle C. Et dautant que par ce theor. le sinus de l'angle C est au sinus de l'angle B, comme le costé BA au costé CA : soient suiuant la regle de trois exposée au liure 4. adjoustez le logarithme du costé AB & le sinus de l'angle B en vne*

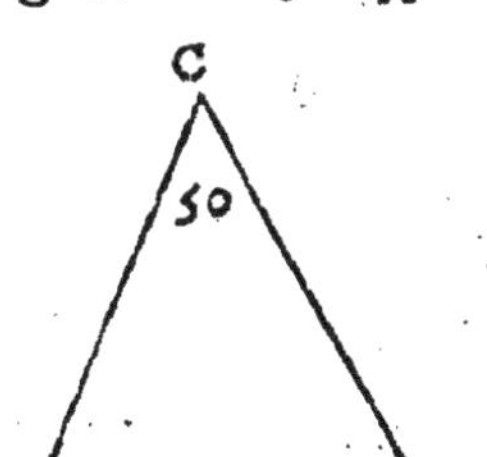

somme, de laquelle soit osté le sinus de l'angle C, & restera le logarithme du costé cherché AC, comme appert en l'operation suiuante.

Somme des angles A & B	130
Ostée de	180
Reste l'angle C	50
Logarithme du costé AB	16020599
Sinus de l'angle B	99729858
Somme	115750457
Sinus de l'angle C à oster	98842539
Reste le logarithme du costé AC	16907918

Auquel par le 3. prob. du 3. ch. du 4. liu. *conuient le nombre* $49\frac{5918}{87719}$ *pour le costé cherché AC.*

Finalement pour trouuer le costé BC.

Logarithme de AB	16020599
Sinus de l'angle A	99375306
Somme	115395905
Sinus de l'angle C à oster	98842539
Reste le logarithme du costé BC	16553366

Auquel par le 3. probl. cy dessus, *conuient le nombre* $45\frac{11141}{95455}$ *pour iceluy costé BC.*

COROLLAIRE III.

En fin estans donnez deux costez, & vn des angles opposez; on trouuera aussi les autres parties du triangle. Car au triangle DEF soient donnez les costez DE 20, DF 30, & l'angle F de 40 degr. 34 min. Et dautant que par ce theor. le costé DE, est au costé DF; comme l'angle F, à l'angle E: soient adjoustez le logarithme du costé DF, & le sinus de l'angle F en vne somme; de laquelle soit osté le logarithme du costé DE; & restera le sinus de l'angle E: Parquoy on sçaura l'autre angle D, comme au coroll. 2.

De plus puis que l'angle F est à l'angle D; comme le costé DE à EF: si de la somme du logarithme DE & du sinus D, on oste le sinus de F; restera le logarithme du costé EF; qui ainsi sera cogneu, & par consequent toutes les parties du triangle, comme appert en l'operation.

Logarithme

Logarithme du costé DF	14771212
Sinus de l'angle F	98131353
Somme	112902565
Logarithme du costé DE à oster	13010299
Reste le sinus de l'angle E	99892266

Auquel conuiennent en la 2 Table, 77 deg. 17'. pour l'angle E, cõme dessus.
Parquoy l'autre angle D sera de 62 degr. 9'.

Son sinus	99465375
Logarithme du costé DE	13010299
Somme	112475674
Sinus de l'angle F à oster	98131353
Reste le logarithme du costé EF	14344321

Auquel conuient le nombre 27 $\frac{30684}{157942}$ pour le costé EF.

SCHOLIE.

Il faut toutefois noter, qu'au 3 corollaire il peut arriuer ambiguité. Car si l'vn des costez donnez, est le plus grand costé du triangle; & que soit donné l'angle opposé au plus petit des costez donnez; & qu'on cherche l'angle opposé au plus grand costé: Si le sinus qui sera trouué par la Regle de trois, n'est le sinus total qui est tousiours sinus de l'angle droit; ce pourra estre le sinus ou d'vn angle aigu, ou de son complement au demy-cercle, qui est angle obtus: parce qu'au demy-cercle ABC la mesme ligne droite BE est sinus tant de l'arc AB, que de son complement au demy-cercle BC; & partant sinus aussi tant de l'angle aigu au centre BDA, que de l'obtus BDC, par le schol. de la 20. defin. *C'est pourquoy en tel cas on ne peut determiner si le sinus trouué par la Regle de trois, est d'vn angle aigu ou d'vn obtus, s'il n'est dit au commencement, ou qu'il n'apparoisse par la forme du triangle.*

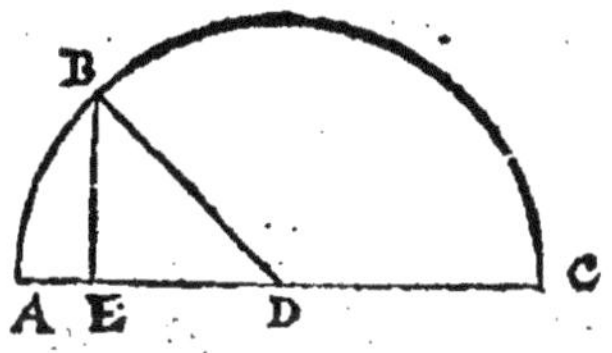

Or ayant donné les 3 costez de quelque triangle plan qu'on voudra, soit soigneusement notée la Regle suiuãte, pour trouuer l'espece de chacun des angles.

D'autant que de quelque triangle plan que ce soit, les deux angles opposez aux deux plus petits costez, sont tousiours aigus, par la 32. prop. du 1. Elem. *mais l'angle opposé au plus grand costé peut estre aigu, droit, ou obtus: soient faits les quarrez de chacun des costez; & que ceux des deux plus petits costez soient adjoustez ensemble: Car si la somme est plus grande, que le quarré du plus grand costé; l'angle opposé à iceluy sera aigu,* par la 13. prop. du 2. Elem. *si la somme est plus petite, l'angle sera obtus,* par la 12. prop. du 2. Elem. *& si la somme est égale, l'angle sera droit,* par la 47. prop. du 1. Elem.

Plus breuement par les logarithmes. Soient prises la somme & difference du plus grand & plus petit costé; & que les logarithmes d'icelle somme & difference soient adjoustez ensemble: Car si la moitié de ceste somme est égale au logarithme du troisiesme costé, l'angle opposé au plus grãd costé sera droit, & le troisiesme costé milieu proportionel entre la susdite somme & difference, par la 13. prop. du 6. Elem. *Mais si icelle moitié est plus petite que le logarithme du troisiesme costé, l'angle sera aigu: si plus grande, obtus.*

THEOREME II.

En tout triangle plan comme la somme de deux costez est à leur difference: ainsi la tangente de la moitié de la somme des deux angles opposez, est à la tangente de leur difference particuliere à la moitié de leur somme.

Au triangle QRS. Ie dis que la somme des deux costez QR plus grand, & RS plus petit, est à leur difference: comme la tangente de la moitié de la somme des deux angles inégaux Q & S opposez à iceux costez, est à la tangente de la difference du plus grand angle S ou du plus petit Q, à la moitié de leur somme. Car ayant descrit le quart de cercle ABG, soit fait l'angle GAE égal au plus petit angle Q du triangle donné: & l'angle EAD égal au plus grand angle S, *par la 23. prop. du 1. Elem.* en sorte que tout l'angle GAD soit égal aux deux angles Q & S. Puis soit GAF moitié de l'angle GAD; & la difference de l'angle EAD ou de l'angle GAE à icelle moitié, soit l'angle EAF, auquel soit fait égal LAF. De plus la subtendente de la somme des deux angles GAE & EAD soit DG; & le sinus du plus grand angle EAD, soit DC; & le sinus du plus petit GAE, soit GH; mais la tangente de la moitié de la

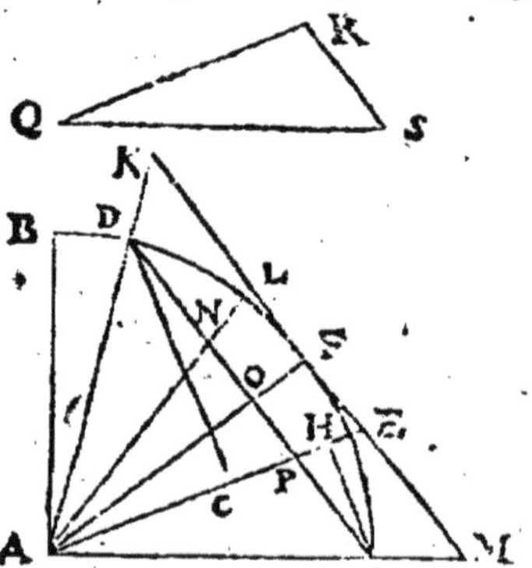

somme des deux angles, soit FM ou FK; & la tangente de EAF soit FE, à laquelle soit égale FL. Maintenant les triangles PDC & PGH sont equiangles, à cause des angles égaux au sommet P, *par la 15. prop. du 1. Elem.* & droits en H & C, *par le corol. du 2. theor. du 1. liu.* Et partant PD sera à PG comme DC à GH, *par la 4 prop. du 6. Elem.* Or GH & DC sont sinus des angles GAE & EAD, ou de leurs égaux Q & S au triangle donné: Donques PD & PG serōt en mesme raison que les costez QR & RS opposez à iceux angles, *par le 1. theor.* & par consequent PD & PG peuuent estre pris pour iceux costez, *par le 1. corol. du 1. theor.* & la toute DG pour leur somme. Ce qu'estant posé, dautant que AF coupe du centre A la ligne droite DG également en O; & que FK touche le cercle en F; les angles en O & F seront droits, *par les 3. & 16. prop. du 3. Elem.* & partant KM & DG seront paralelles, *par la 28. prop. du 1. Elem.* & consequemment au triangle ALE, NO sera à OP, comme LF à FE, *par la 4. prop. du 6. Elem.* mais ces deux cy sont égales, comme a esté monstré cy dessus; donc & les deux autres aussi, lesquelles ostées des deux égales OD & OG; resteront ND & PG égales ensemble; Donc NP sera la difference des costez DP & PG. Et parce qu'au triangle KAM, KM & DG sont paralelles; DG sera à NP, comme KM à LE, *par la 4. prop. du 6. Elem.* Mais comme la toute KM, est à la toute LE; ainsi la moitié FM, à la moitié FE: Donc comme DG somme des costez donnez, est à leur difference NP; ainsi FM tangente de la moitié de la somme des angles opposez, est à FE tangente de leur difference à icelle moitié, *par la 11. prop. du 5. Elem.* ainsi qu'il est proposé.

SCHOLIE.

En la demonstration cy dessus la somme des deux angles construits au centre A, est plus petite que l'angle droit ou quadrant BAG, comme il appert: mais la demonstration seroit toute de mesme, si icelle somme estoit égale au quadrant, ou bien plus grande. Et le theoreme n'est pas seulement vray aux triangles de costez inégaux; ains aussi de costez égaux. Mais comme estant donnez deux costez égaux, leur difference est nulle; aussi la tangēte de la difference des angles opposez sera nulle, & partāt iceux angles égaux ensemble.

COROLLAIRE.

Or de ce theoreme s'ensuit, que si au triangle quelconque QRS, sont donnez deux costez QR de 30 pieds, RS de 20 pieds, & l'angle R qu'ils comprennent de 70 degrez : on trouuera les deux autres angles. Car la somme des costez donnez est 50, leur difference 10 ; le complement au demy-cercle de l'angle R est 110 degrez pour la somme des angles Q & S : la moitié de laquelle est 55 degrez. Et dautant que par ce theoreme la somme des costez QR & RS, est à leur difference ; comme la tangente de la moitié de la somme des angles Q & S, à la tangente de leur difference à icelle moitié : si la tangente d'icelle moitié, & le logarithme de la difference des costez sont adjoustez ; & que de ceste somme on oste le logarithme de la somme des costez, restera la tangente de la difference des angles Q & S : laquelle adjoustée à la moitié de la somme d'iceux angles, fait le plus grand angle ; & ostée, fait le plus petit ; comme appert en l'operation.

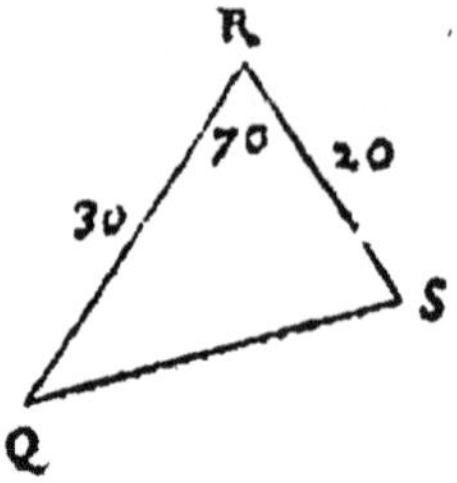

Tangente de 55 degr.	101547732
Logarithme de 10	10000000
Somme	111547732
Logarithme de 50 à oster	16989700
Reste la tang. de la difference Q & S	94558032

A laquelle conuient par la Table l'arc de 15 degr. 56' pour icelle difference des angles Q & S ; laquelle adjoustée à 55 degrez, fait 70 degr. 56' pour le plus grand angle S, opposé au plus grand costé QR ; & ostée desdits 55 degr. restent 39 degr. 4' pour l'autre angle Q.

Or l'autre costé QS sera trouué par le theor. 1. *dautant que le sinus de l'angle S, est au sinus de l'angle R ; comme le costé QR, au costé QS.*

THEOREME III.

En tout triangle plan, comme le plus grand costé est à la somme des deux autres ; ainsi la difference de ceux-cy est au segment, qui osté du plus grand costé, la perpendiculaire tombante de l'angle opposé, diuise le reste en deux égalament.

Au triangle ABC soit le plus grand costé AC, & le plus petit BC : & que du centre A à la distance de BC soit descrit le cercle CFED, coupant les deux autres costez en F & E ; & soit continué AB iusques en D, afin que AD soit la somme des costez AB & BC, & AE leur difference. Ie dis que AC plus grand costé, est à AD somme des autres ; comme AE leur difference est au segment AF, qui oste du plus grand costé AC, la perpendiculaire BG tombante de l'angle opposé B, diuise le reste également en G. Car du poinct A soit menée AK qui touche le cercle en K, *par la 17. prop. du 3. Elem.* & le rectangle compris sous DA & AE sera égal au quarré de AK, *par la 36. prop. du 3. Elem.* Mais au mesme quarré est par mesme raison égal le rectangle compris sous CA & AF : Donc les deux rectangles sont égaux ; & partant auront leurs costez reciproquement proportionels, *par la 14. prop. du 6. Elem.* C'est à dire AC sera à AD, comme AE à AF ; ainsi qu'il est proposé. Or que BG tirée du centre perpendiculairement, diuise FC en deux également, il appert *par la 3. prop. du 3. Elem.*

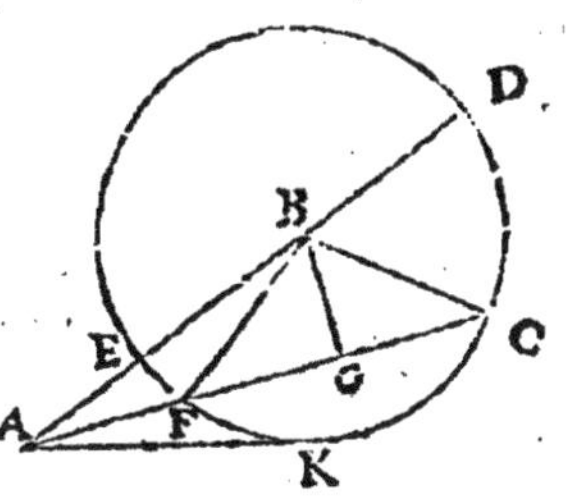

COROLLAIRE.

Par ce theoreme donc estans donnez les 3 costez inégaux d'vn triangle, on aura les deux segmens du plus grand costé, sur lequel tombe la perpendiculaire de l'angle opposé. Comme si au triangle ABC sont donnez les costez AB de 8 pieds, BC 12 & AC 16 : & que de l'angle B tombe la perpendiculaire BD, sur le plus grand costé AC, & qu'on vueille sçauoir les segmens AD & DC : Soit du plus grand segment DC osté DE égale à DA. Et dautant que par ce theoreme, 16 plus grand costé AC, est à 20 somme des autres AB & BC ; comme 4 difference d'iceux costez, est à EC : Si de la somme des logarithmes de 4 & 20, on oste le logarithme de 16, restera le logarithme de 5 pour EC : qui ostez de AC 16, resteront 11 pour AE ; desquels la moitié pour AD ou DE sera $5\frac{1}{2}$. Donc AD vaut $5\frac{1}{2}$, & DC $10\frac{1}{2}$, ce qu'il falloit trouuer.

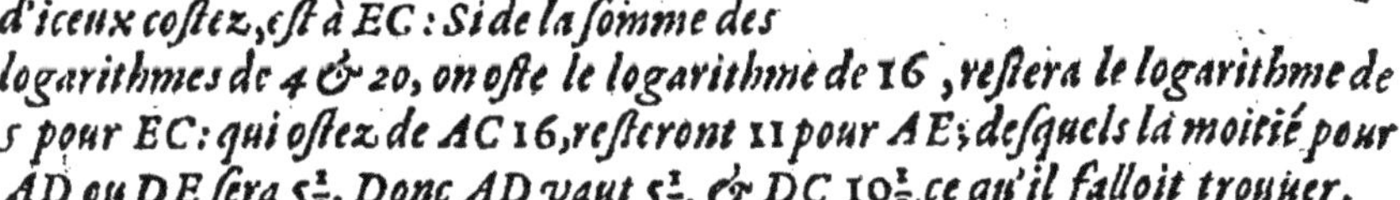

Logarithme de la difference 4	06020599
Logarithme de la somme 20	13010299
Somme	19030898
Logarithme du costé AC 16 à oster	12041199
Reste le logarithme de EC	06989699

Auquel dans la Table conuient le nombre 5 pour le segment EC.

THEOREME IV.

Aux triangles rectangles, comme vn costé est à l'autre, ainsi le rayon est à la tangente de l'angle subtendu par iceluy autre costé.

En ces triangles on appelle costez, ceux qui contiennent l'angle droit; & hypothenuse, la subtendente d'iceluy angle, comme il a aussi esté dit *au theor. 19. du 1. liu.* des triangles spheriques.

Soit donc AEI triangle rectangle en I. Ie dis que le costé AI est au costé IE; comme le rayon est à la tangente de l'angle A. Car du centre A & interualle AE soit descrit le quart de cercle FEC, rencontrant AI continué en C; & que de C soit esleuée la perpendiculaire CH rencontrant le rayon AE continué en H; & CH sera tangente de l'angle A, *par le schol. de la 20. defin.* Et partant le rayon AC sera à la tangente CH; comme le costé AI au costé IE, *par le theor. 5. du liu.* 1. ainsi qu'il est proposé.

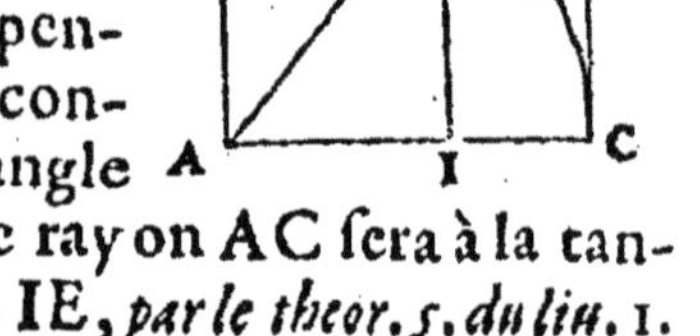

COROLLAIRE I.

De là s'ensuit qu'en iceluy triangle AEI, estans donnez les costez AI de 4 stades, & IE de 5 stades; on trouuera les angles obliques. Car puis que AI est à IE, comme AC à CH; si de la somme des logarithmes de IE & AC, on oste le logarithme de AI; restera la tangente de l'angle oblique A: à laquelle conuiennent par la Table 51 degr. 21' pour iceluy angle A; lesquels ostez de 90 degr. resteront 38 degr. 39' pour l'autre angle oblique E.

Logarithme du costé IE	06989700
Sinus total de AC	100000000
Somme	106989700
Logarithme du costé AI à oster	06020599
Reste la tangente de l'angle A	100969101

A laquelle conuiennent 51 degr. 21'.

COROLLAIRE II.

De plus estant donné vn des costez AI de 4 toises, & A angle oblique adjacent de 51 degr. 21'. On trouuera encor l'autre costé & l'autre angle oblique. Car puis que AI est à IE, comme AC à CH: donc aussi AC sera à CH, comme AI à IE costé cherché, par le schol. du theor. 9. du liu. 1. *Puis l'angle oblique E sera trouué* par le 1. corol.

Tangente de l'angle A	100969101
Logarithme de 4	06020599
Somme	106989700
Rayon à oster	100000000
Reste le logarithme du costé IE	06989700

Auquel conuient le nombre 5.

THEOREME V.

Aux triangles rectangles, comme le costé est au sinus de l'angle opposé : ainsi l'hypothenuse est au sinus total.

Soit le triangle ADE rectangle en D, duquel l'hypothenuse AE soit faite rayon ou sinus total au quadrant BEC. Il est euident que le costé DE est sinus de l'angle opposé A, *par le schol. de la defin. 20.* Et partant le costé DE sera au sinus de l'angle A ; comme l'hypothenuse AE au rayon ou sinus total AC : car il y a tant d'vn costé que d'autre raison d'égalité & identité.

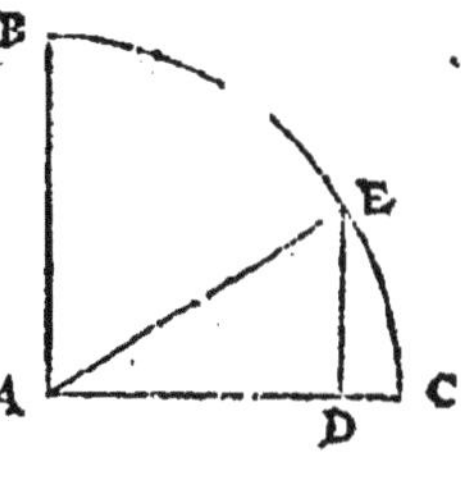

COROLLAIRE.

De là s'ensuit qu'au susdit triangle, des costé DE 8, hypothenuse AE 10, angle A 53 degr. 8', & rayon AC, estans donnez les trois quelsconques, le quatriesme sera trouué en deux manieres, par le schol. du th. 9. du liu. 1.

SCHOLIE.

A ce corollaire & au second du theor. 4. satisfont aussi les corollaires 2 & 3 du theor. 1. voire on ne peut rien chercher aux triãgles rectangles, qu'on ne le trouue par les trois premiers theoremes ; parce qu'aux triangles mesmes rectangles il faut tousiours donner trois choses, sçauoir l'angle droit & deux autres. Or des six parties d'vn triangle estant données les trois ; on trouue tousiours les autres par les trois premiers theoremes vniuersaux. Mais il nous a semblé bon d'adjouster les deux derniers, parce qu'ils contiennent breuement toute la doctrine mesme tres-facile des triangles rectangles.

VSAGE DES PRECEDENS THEOREMES.

Dans les cinq theoremes cy dessus est contenuë en tres-facile breueté toute la Trigonometrie des triangles plans. Car

En tous triangles.

Ou bien on donne deux angles & vn costé, & on trouue les autres costez, *par le corol. 2. du theor. 1.*

Ou bien on donne deux costez & vn angle opposé à vn des costez donnez, & on trouue les autres parties, *par le corol. 3. du theor. 1.*

Ou bien on donne deux costez & l'angle qu'ils comprennent, & on trouue le reste, *par le corol. du theor. 2.*

Ou en fin on donne tous les costez & on cherche les angles ; & alors si le triangle est obliquangle, on le diuise en deux triangles rectangles par vne perpendiculaire tombant de l'angle opposé au plus grand costé sur iceluy ; duquel estans cogneus les segmens, *par le corol. du theor. 3.* on trouue apres en l'vn des triangles rectangles l'angle adjacent au plus grand costé du triangle obliquangle donné *par le corol. 3. du theor. 1.* & en fin les autres angles dudit obliquangle sont trouuez *par le mesme corollaire.*

Mais donnant seulement tous les angles de quelque triangle que ce soit ; on ne peut sçauoir aucun des costez. Parce qu'on peut faire infinis triangles equiangles qui n'auront entr'eux aucun costé égal : on trouuera neantmoins la raison de leurs costez, *par le theor. 1.*

Mais aux triangles rectangles.

Ou bien on donne deux costez, & on trouue les angles, *par le corol 1. du theor. 4.*

Ou bien on donne vn costé & l'angle aigu adjacent ; & on trouue l'autre costé & l'autre angle, *par le corol. 2. du theor. 4.*

Ou bien on donne l'hypothenuse & vn costé ; & on cherche l'angle opposé à iceluy costé : ou au contraire donnant l'hypothenuse & vn angle aigu, on cherche le costé opposé audit angle, *par le corol. du theor. 5.*

Ou bien quelqu'autre partie qu'on donne & demande, on la trouue *par les coroll. du theor. 1.*

Superficie

Superficie de tout triangle plan.

Les costez & angles de quelque triangle plan que ce soit estans trouuez comme dessus ; reste maintenant à donner vne regle pour trouuer la superficie : Or la regle est telle en general.

La perpendiculaire tombante de quelque angle qu'on voudra sur le costé opposé, mesmes continué si de besoin ; multipliée par la moitié d'iceluy costé, donne la superficie, par la 31. prop. du 1. Elem.

Comme aux triangles ABC cy dessous, la perpendiculaire 8 tombant de l'angle A sur le costé opposé BC 12 ; multipliée par 6 moitié d'iceluy costé ; donne 48 pour la superficie du triangle. Et arriuera le mesme nombre si on multiplie le costé BC 12, par 4 moitié de la perpendiculaire.

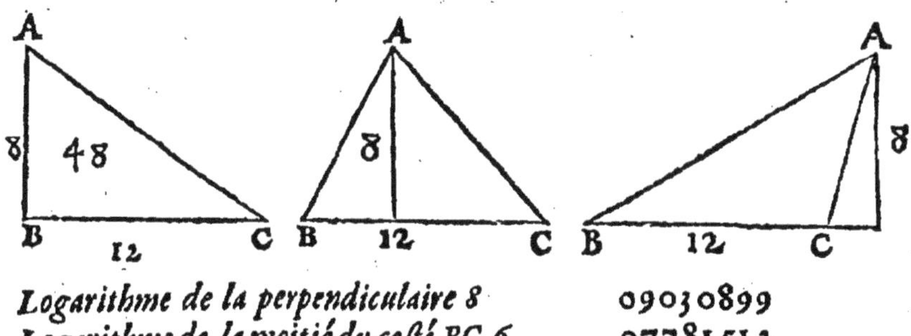

Logarithme de la perpendiculaire 8	09030899
Logarithme de la moitié du costé BC 6	07781512
Somme	16812411

Auquel conuient dans la Table le nombre 48, pour la superficie du triangle ; & ainsi des autres.

Au contraire du logarithme de la superficie, soit osté le logarithme du costé donné ; & restera le logarithme de la perpendiculaire tombante de l'angle opposé sur iceluy costé. Mais c'est assez parlé des triangles plans.

LIVRE TROISIESME DE LA TRIGONOMETRIE CANONIQVE.

CONTENANT LA THEORIE, ET pratique des triangles ſpheriques.

THEOREME I.

Aux triangles ſpheriques rectangles qui ont aux baſes meſme angle aigu, les ſinus des hypothenuſes & perpendicules ſont tous proportionels entr'eux.

SOIT A centre de la ſphere, en la ſuperficie de laquelle ayant pris le poinct B, ſoit d'iceluy comme d'vn pole deſcrit le quart d'vn grand cercle EC: & de meſme du pole E ſoit deſcrit l'arc BC, qui ſera quadrant, *par la 4. deſin.* & coupera EC en C à angles droits, *par le 11. theor. du 1. liu.* Outre ce par les meſmes poles B & E ſoient tirez autres deux arcs de grands cercles BD & EL, qui par meſmes raiſons ſeront quadrans, & feront angles droits en D & L. Et partant les triangles BLF & BCD ſeront rectangles en L & C; deſquels les coſtez FL & DC ſeront perpendicules, & les coſtez BF & BD hypothenuſes, *par la 14. deſin.* mais les coſtez BL & BC ſont icy appellez baſes: finalement le meſme angle DBC conſtitué à l'vne & l'autre baſe eſt aigu; car il eſt meſuré de l'arc DC plus petit que le quadrant EC, *par la 6. deſin.* Or ayant mené les demy diametres ou rayons AE, AD, AC, AL, & AB, soit en apres FI, sinus de l'hypothenuse BF; AD, sinus de l'hypothenuse BD; FH, sinus du perpendicule FL; & DG, sinus du perpendicule DC. Ie dis qu'iceux sinus des hypothenuses & perpendicules sont proportionnels entr'eux: c'est à dire que IF est à FH, comme AD à DG. Car tirant la ligne droite IH, puis que les sinus FH & DG tombent perpendiculairement sur les rayons AC & AL, *par le corol. du theor. 2. du liu. 1.* & que par consequent FH tombe aussi perpendiculairemẽt sur la ligne IH (veu que IH & AL sont dans le mesme plan ABC) *par la 3. defin. du 11. Elem.* les angles H & G des triangles plans IHF & AGD seront égaux, à sçauoir droits: or leurs angles en I & A sont aussi égaux, parce que l'vn & l'autre angle est la mesme inclinaison du plan ABD, au plan ABC. Donc les triangles IFH & ADG sont equiangles, *par la 32. prop. du 1. Elem.* & partant IF sera à FH, comme AD à DG, *par la 4. prop. du 6. Elem.* ainsi qu'il est proposé.

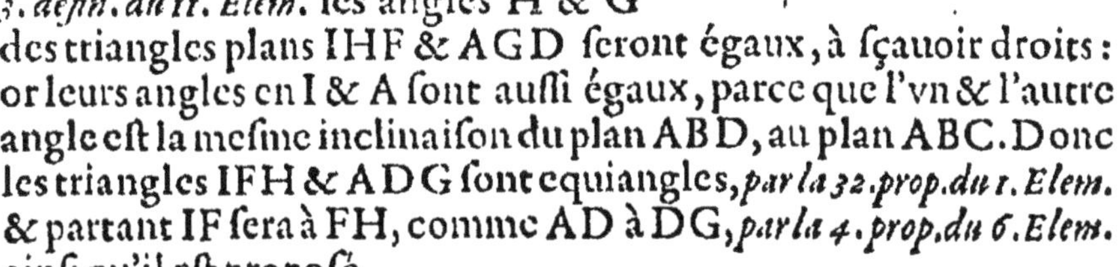

COROLLAIRE I.

D'où s'ensuit qu'au triangle spherique BLF rectangle en L, des hypothenuse BF, costé FL, & angle B, estans donnez les deux quelsconques: on trouuera le troisiesme. Car ainsi seront aussi donnez leurs sinus IF, FH, & DG; & aussi tousiours le sinus total AD. Or

AD est —— à DG,

comme IF —— à FH.

Soit donc BF de 60 degrez, l'angle B de 46 degr. Et on cherche FL.

Sinus de DC	98569341
Sinus de DF	99375306
Somme	197944647
Sinus total à oster	100000000
Reste	97944647

Auquel conuiennent par la Table 38 deg. 31' 59'' pour le costé FL.

Et ainsi vniuersellement en tout triangle rectangle, estant donnée l'hypothenuse & l'angle adjacent, on trouue le costé opposé. Ou estant donnée l'hypothenuse & vn costé, on trouue l'angle opposé.

COROLLAIRE II.

Il s'ensuit de plus que si du poinct E, on tire encore l'arc d'vn grand cercle EG, faisant aussi le triangle BGI rectangle en G; le sinus de l'hypothenuse BI, sera au sinus du perpendicule IG; comme le sinus de l'hypothenuse BF au sinus de l'hypothenuse FL. Car par ce theoreme le sinus de BI sera au sinus de IG, comme le sinus de BD au sinus de BC: Mais le sinus de BF est aussi au sinus de FL; comme le sinus de BD au sinus de BC, comme a esté demonstré. Donc aussi le sinus de BI sera au sinus de IG, comme le sinus de BF au sinus de FL, par la 11. prop. du 5. Elem. *ainsi qu'il est proposé.*

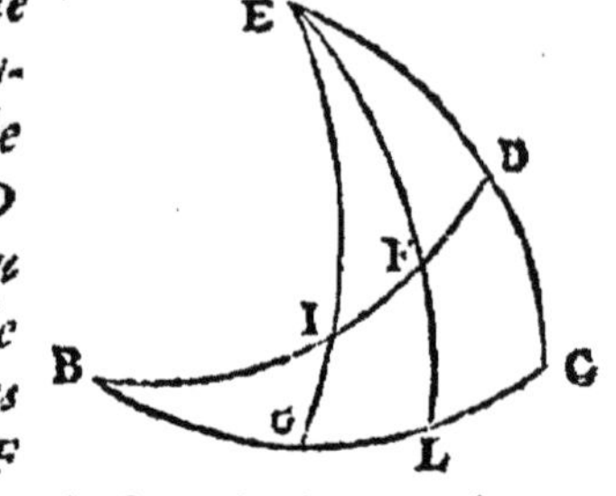

THEOREME II.

Aux triangles spheriques rectangles qui ont mesme angle aigu aux bases, les sinus des bases & les tangentes des perpendicules, sont tous proportionnels entr'eux.

Ayant des poles E & B descrit les quadrans BC & EC, & tiré deux autres quadrans EL & BD, *comme au theor. 1.* & ainsi de mesme construit les deux triangles spheriques BLF & BCD rectangles en L & C; auec mesme angle aigu B aux deux bases BL & BC. Soit le rayon AC sinus de la base ou quadrant BC; IL sinus de la base BL; mais CG soit tangente du perpendicule DC, rencontrant la secante AG, *par la 19. defin.* & LH tangente du perpendicule FL, rencontrant la secante AH. Ie dis que iceux sinus des bases, & les tangentes des perpẽdicules sont tous proportionnels entr'eux. C'est à dire que AC est à IL, comme CG à LH. Car ayant mené la ligne IH; puis que CG & LH sont perpendiculaires sur AC & IL au mesme plan ABC, *comme au theor. 1.* les angles

ACG & ILH seront droits & égaux dans les triãgles plans ACG & ILH. Or les angles A & I d'iceux triangles sont aussi égaux, *comme au theor. 1.* donc iceux triangles sont equiangles; & partant AC sera à IL, comme CG à LH, *par la 4. prop. du 6. Elem.* ce qu'il falloit demonstrer.

COROLLAIRE I.

D'où s'ensuit qu'au triangle spherique BLF rectangle en L; Des deux costez BL, LF, & angle B, estans donnez les trois quelsconques, on trouuera le troisiesme. Car ainsi seront aussi donnez IL sinus du costé ou base BL; ensemble LH & CG tangentes de l'autre costé ou perpendicule LF, & de angle B, ou de sa mesure CD; & aussi tousiours le sinus total AC. Or

AC est —— à IL,

comme CG —— à LH.

Soit donc l'angle B de 40 deg. 36'; BL de 65 deg. 21'; & qu'on cherche FL.

Sinus de BL	99585029
Tangente de B	99330333
Somme	198915362
Sinus total de BC à oster	100000000
Reste	98915362 *tãg. de FL.*

A laquelle conuiennent dans la Table 37 deg. 55' 6'' pour iceluy costé FL.

Et ainsi vniuersellement en tout triangle rectangle, des deux costez & vn angle oblique, estans dõnez les deux quelsconques, on trouuera le troisiesme.

COROLLAIRE II.

Il s'ensuit en outre, comme au corol. 2. du theor. 1. *que si du poinct E on tire encor l'arc d'vn grãd cercle EG, faisant aussi le triangle BGI rectangle en G: le sinus de BG sera à la tangente du perpendicule GI, comme le sinus de BL à la tangente de LF. Car* par ce theor. *le sinus de BG est à la tangente de GI, comme le sinus de BC à la tangente de CD: Mais le sinus de BL est aussi à la tangente de LF, comme le sinus de BC à la tangente de CD; Donc le sinus de BG est aussi à la tangente de GI, comme le sinus de BL à la tangente de LF,* par la 11. prop. du 5. Elem. *ainsi qu'il est proposé.*

SCHOLIE.

Or il faut noter qu'encor qu'on puisse argumenter des sinus des hypothenuses aux sinus des perpendicules, par le theor. 1. *& des sinus des bases aux* *tangentes des perpendicules*, par ce theor. *Toutesfois il ne se peut des sinus des bases aux sinus des perpendicules; dautant que les extremitez des sinus des bases & perpendicules ne concurrent pas à mesme triangle: Ny aussi par mesme raison des sinus des hypothenuses aux tangentes des perpendicules; laquelle inaduertance a par fois fait errer des fort doctes Mathematiciens.*

THEOREME III.

En tous triangles spheriques, les sinus des costez sont directement proportionnels aux sinus des angles opposez.

Soit le triangle spherique ABC rectangle en C, duquel tous les costez soiēt de leurs poles continuez d'vne part & d'autre iusques aux quadrās en N, O, P, D, E, F; à sçauoir CB continué de part & d'autre iusques en D & P, en sorte que CD & BP soient quadrans; & ainsi des autres costez. Et dautant que l'angle C est supposé droit, & CN quadrant; N sera pole du cercle BC: & semblablement D sera pole du cercle AC, *par le theor. 11. du 1. liu.* Donc que par ces poles, soient des poles A & B tirez les arcs NP, DH, & DF, qui seront aussi quadrās, *par la 4. def.* & les angles en PFH droits, *par le mesme theor. 11. du 1. liu.* Et dautant que A est pole du cercle DF, les angles en E & F seront aussi droits; & par consequent les triangles ACB & AFE rectangles en C & F: comme aussi les triangles BCA & BPO rectangles en C & P: & les triangles BED & GED rectangles en E: Mais le triangle BGD sera obliquangle, n'ayant aucun angle droit. Car la mesure de l'angle BDG est l'arc CH, *par la 6. defin.* qui est plus petit que le quadrant; & partant iceluy angle sera aigu, *par la 7. defin.* Or l'angle DBG est égal à l'angle du sommet ABC, *par le theor. 14. du 1. liu.* duquel la mesure PO est plus petite que le quadrant, & partant l'angle aigu: finalement parce qu'au triangle GED rectangle en E, le costé DE est plus petit que le quadrant DF, l'angle DGE opposé à iceluy costé sera aigu, *par le theor. 19. du 1. liu.* & partant l'angle adjacent DGB sera obtus, *par le theor. 13. du liu. 1.* donc le triangle BGD sera obliquangle. Or ces choses demonstrées.

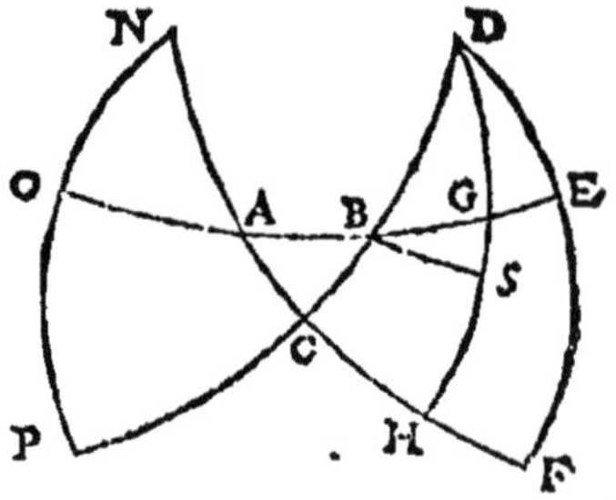

Ie dis en premier lieu qu'au triangle rectangle ABC, le sinus de l'angle C est au sinus du costé AB, comme le sinus de l'angle A au sinus du costé BC. Car puis que le quadrant AE est mesure de l'angle droit C, *par la 7. def.* & partant égal à icceluy; ils auront tous deux vn mesme sinus, *par le schol. de la 20. defin.* Et par mesme raison l'angle B & sa mesure PO auront mesme sinus; comme aussi l'angle A & sa mesure EF. A raison dequoy ce sera tout vn de dire; comme le sinus de C est au sinus de AB, ainsi le sinus de A au sinus de BC: ou de dire, comme le sinus de AE est au sinus de AB, ainsi le sinus de EF est au sinus de BC: mais ce dernier est vray, *par le theor. 2.* doncques l'autre aussi. Semblablement par les triangles BCA & BPO rectangles en C & P, sera demonstré que le sinus de l'angle C est au sinus du costé AB, comme le sinus de l'angle B au sinus du costé AC: & partant il sera aussi comme le sinus de A au sinus de BC; ainsi le sinus de B au sinus de AC, *par la 11. prop. du 5. Elem.* Donc tous les sinus des costez sont directement proportionels aux sinus des angles opposez, comme il est proposé.

Maintenant pour le triangle obliquangle BDG, dautant que par la demonstration cy dessus il appert qu'au triangle rectangle BED, le sinus de BD est au sinus de l'angle E, comme le sinus de DE au sinus de l'angle B: donc le rectangle compris sous les sinus extrémes de BD & B, sera égal au rectangle compris sous les moyens de DE & E, *par la 16. prop. du 6. Elem.* Et tout de mesme parce qu'au triangle GED rectangle en E, le sinus de DG est au sinus de E, comme le sinus de DE au sinus de l'angle DGE, ou de DGB son complemẽt au demy-cercle (qui ont mesme sinus, *par le schol. du theor. 1. du 2. liu.*) donc le rectangle compris sous les sinus de DG & DGB, est égal au rectangle compris sous les sinus de DE & E: & par consequẽt le rectangle sous les sinus de DG & DGB, est égal au rectangle sous les sinus de DB & B, *par le 1. ax. des Elem.* Donc au triangle obliquangle BGD il sera reciproquement comme le sinus de DG au sinus de DB; ainsi le sinus de B au sinus de G, *par la 14. prop. du 6. Elem.* & par consequent en permutant, comme le sinus de DG au sinus de l'angle opposé B, ainsi le sinus de DB au sinus de l'angle opposé G, *par la 16. prop. du 5. Elem.*

Que si de l'angle B vertical sur la base DG, tombe l'arc perpendiculaire BS (hors le triangle BGD, *par le theor. 22. du 1. liu.*) il sera tout de mesme demonstré par les deux triangles DSB & GSB, rectangles en S; que le sinus de BG est au sinus de l'angle D, comme le sinus de BD est au sinus de l'angle G: Donc aussi le sinus de BG sera au sinus de D, comme le sinus de DG au sinus de B. Et ainsi appert la verité du theoreme en tout triangle; ce qu'il falloit demonstrer.

COROLLAIRE.

Puis donc que le sinus de A est au sinus de BC, comme le sinus de B au sinus de AC: donc de ces 4 estans donnez les trois quelsconques, on trouuera le quatriesme en deux façons, par le schol. du theor. 9. du 1. liu. *Si donc l'angle A est de 40 degr. 36', le costé opposé BC de 37 degr. 55', l'angle* B *de 74 degr. 16', & qu'on demande le costé opposé AC. voicy le calcul.*

Sinus de B	998341 61
Sinus de BC	978853 22
Somme	1977194 83
Sinus de A à oster	981343 03
Reste	995851 80 *pour le sinus de AC.*

Auquel conuiennent dans la Table 65 degr. 21' pour le costé AC.

SCHOLIE.

Il peut arriuer icy mesme doute qu'au schol. du theor. 2. du liu. 2. s'il eschet que la troisiesme partie à laquelle on cherche vne quatriesme proportionnelle, soit plus proche du quadrant, que la donnée de mesme nom auec la troisiesme. Et partant il faut par les theor. 17. & suiuans du 1. liu. examiner de quelle espece sont les angles & costez du triangle proposé; ou prendre garde à la forme du triangle, ou donner l'espece d'icelle quatriesme partie..

THEOREME IV.

En tout triangle comme le rectangle compris sous les sinus droits des costez, est au quarré du sinus total: ainsi la difference des sinus verses de la base & de la difference des costez, est au sinus verse de l'angle vertical. Et au contraire.

Soit en la superficie de la sphere le triangle scalene ABC; duquel les deux costez soient AB plus petit, & BC plus grand; & partant la base AC, & l'angle vertical ABC opposé à icelle base.

Soit parachcué le cercle AB, & que les costez AC & BC soient continuez iusques au concours du cercle AB aux poincts R & S; & les

& les arcs AS & BR seront demy-cercles, *par le theor. 15. du liu. 1.* soit aussi mené le diametre AS, coupé en angles droits au centre H par vn autre NX: & semblablement soit tiré le diametre BR coupé en angles droits par vn autre GT:

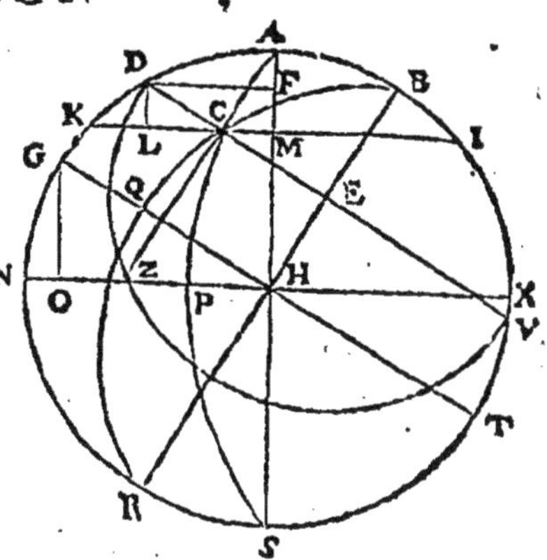

En apres du pole B, & interualle du plus grand costé BC, soit descrit le cercle paralelle DV; & la difference des costez donnez AB & BC sera DA: semblablement du pole A & interualle du costé AC, soit descrit vn autre paralelle KI. Puis de G & D soient tirées les lignes GO & DL, perpendiculaires sur NX & KI, & derechef du mesme D sur AS la perpendiculaire DF.

Cecy estant construit, dautant que BG & AN sont quadrans égaux; si on oste le commun arc AG, restera GN égal au costé AB; & partant GO sera sinus droit d'iceluy AB, comme il l'est de GN. Et parce que BD & BC, tirez du mesme pole B sur le paralelle DV sont égaux; DE sera sinus droit du costé BC, comme il l'est d'iceluy BD. Mais GQ & DC sont sinus verses du mesme angle ABC; sçauoir GQ au grand cercle, & DC au paralelle DV. Car si de ce paralelle la circonference est conceuë renuersée comme DZV, & que du poinct C du diametre DV soit esleuée la perpendiculaire CZ; DZ sera mesure de l'angle DBC, & CD sinus verse d'iceluy. Outre ce dautant que AC & AK tirez du mesme pole A sur le paralelle KI sont égaux; MA sera sinus verse du costé AC, comme il l'est d'iceluy AK: mais FA sera sinus verse de la difference des costez AB & BC. Finalement MF ou son égale DL dans le paralellogramme LF, sera la difference des sinus verses du costé AC, & de la difference des autres costez AB & BC.

Or maintenant il faut demonstrer que comme le rectangle compris sous GO & DE sinus droits des costez AB & BC, est au quarré du sinus total GH; ainsi DL difference des sinus verses du troisiesme costé A, & de la difference des autres costez AB & BC, est à GQ sinus verse de l'angle ABC, comme s'ensuit.

Parce que tant les lignes NX & KI entr'elles, que GT & DV aussi entr'elles sont paralelles, les triangles GOH & DLC seront semblables; & par consequent GO sera à GH, comme DL à DC, *par la 4. pr. du 6. Elem.* Or DE rayon du paralelle DV, est aussi à GH rayon du grand cercle, comme DC sinus verse de l'angle ABC en iceluy paralelle, à GQ sinus verse du mesme angle au grand cercle, *par le theor. 1. du 1. liu.* Puis donc que

GO est à GH, ——— comme DL à DC;
Et DE à GH, ——— comme DC à GQ.

Donc en composant le rectangle sous GO & DE, sera au rectangle sous GH & GH, c'est à dire au quarré du rayon GH; comme le rectangle sous DL & DC, au rectangle sous DC & GQ, *par la 23. prop. du 6. Elem.* c'est à dire comme DL à GQ, *par la 1. prop. du 6. Elem.* ce qu'il falloit demonstrer. Et au contraire.

COROLLAIRE.

De ce theoreme appert, comme estans donnez tous les costez du triangle ABC, on trouue chacun angle: ou estans donnez deux costez quelsconques AB & BC auec l'angle B qu'ils comprennent; on trouue le troisiesme costé AC. Parce que des 4 proportionnels de ce theoreme estans donnez les trois quelsconques, le quatriesme se trouue en deux façons, par le schol du th. 9. du 1. liu. *Or en quelle maniere est trouué le logarithme de quelque sinus verse que ce soit, sera dit au 4 liure, traitant de l'vsage des logarithmes.*

SCHOLIE.

Mais il est icy à noter que selon Neper la susdite difference DL est aussi à GQ sinus verse de l'angle vertical, comme le rectangle sous les sinus droits de la somme & difference, de la demy base AC & demy difference des costez, est au quarré du sinus droit du demy angle vertical: Car tant ce rectangle à la susdite difference, que ce quarré à iceluy sinus verse, ont raison 5000000 cuple, le sinus total estant 10000000. Donc aussi

Comme le rectangle sous les sinus droits des costez	———	*est au quarré du rayon*
Ainsi le rectangle sous les sinus droits de la somme & difference de la demy base & demy difference des costez,	———	*est au quarré du sinus droit du demy angle vertical.*

Calcul tres-commode pour les logarithmes, afin de trouuer quelque angle qu'on voudra d'vn triangle spherique par tous les costez donnez. Car estans

donnez les deux costez & la base; pour auoir le quarré du sinus droit du demy angle vertical; c'est à dire icelle moitié d'angle, & par consequent tout l'angle; il faut proceder ainsi.

Que la somme des sinus de la somme & difference de la demy base & demy difference des costez (laquelle premiere somme vaut le rectangle sous les sinus droits de la somme, &c: comme sera monstré en l'vsage des logarithmes) soit adjoustée au double du sinus total (qui vaut le quarré du sinus total) & que de là soit ostée la somme des sinus des costez (laquelle vaut le rectangle sous les sinus droits d'iceux costez) & restera le double du sinus droit du demy angle vertical, qui vaut le quarré du sinus droit d'iceluy demy angle vertical.

Comme soient du triangle ABC donnez tous les costez AB 45 degr. 58', BC 59 degr. 58', AC 26 degr. 20', & on cherche l'angle B, vertical au costé AC, qui partant sera nommé base.

Costé BC	59°. 58'	*sinus*	99373846
Costé AB	45. 58'	*sinus*	98566899
Difference des costez	14. 0	*somme*	197940745
Demy difference	7. 0		
Demy base AC	13. 10		
Somme des deux derniers	20. 10	*sinus*	95375069
Leur difference	6. 10	*sinus*	90310890
	Somme des sinus		185685959
	Double du sinus total		200000000
	Somme de ces deux		385685959
	Ostez		197940745
	Reste le double du sinus de l'angle B		187745214
	La moitié		93872607

A laquelle conuiennent par la Table 14 degr. 7' pour iceluy demy angle B: qui doublez font 28 degr. 14' pour iceluy angle B.

THEOREME V.

De tout triangle spherique chacun angle est changé en costé d'vn autre triangle; prenant le complement au demy cercle de quel angle qu'on voudra du premier triangle pour le troisiesme costé de l'autre triangle. Et alternatiuement chacun angle du dernier triangle est changé en costé du premier triangle; prenant le complement au demy cercle de l'angle opposé au susdit troisiesme costé, pour le costé du premier triangle opposé à l'angle, duquel a esté pris le complement.

Soit le triangle spherique ABC, duquel les angles sont A, B, C; & soit paracheué le cercle duquel costé qu'on voudra AB, qui sera le cercle ABEC; & que les autres costez BC & AC soient continuez iusques au concours en NT; & l'angle CBE sera complement au demy cercle de l'angle B, *par le theor.* 13. *du liu.* 1. Outre ce que d'iceux angles A, B & C comme poles soient descrits des grands cercles; sçauoir de A, le cercle ELP: de B, le cercle GLO: & de C, le cercle QKR; desquels trois cercles se forme vn autre triangle KLM. Ie dis que chacun de ses costez est égal à chacun des angles A, B & C du premier triangle ABC; prenant l'angle CBE complement au demy cercle de l'angle B, pour ML vn des costez du triangle KLM. Car puis que des poles A & B sont descrits les grands cercles ELP & GLO; chacun d'eux passera par le pole du cercle AB, *par le corol. du theor.* 11. *du* 1. *liu.* & partant le poinct L où ils concourent sera iceluy pole; & consequemment LE & LG seront quadrans, *par la* 4. *defin.* Tout de mesme puis que des poles A & C sont descrits les cercles ELP & QKR, chacun d'eux passera par le pole du cercle AC; & partant le poinct K où ils concourent sera iceluy pole; & consequemment KD & KI quadrans. Et pareillement puis que de B & C sont descrits les cercles GLO & QKR, chacun d'eux passera par le pole du cercle BC; & partant le poinct M où ils concourent sera iceluy pole; & consequemment MF & MH quadrans: Puis donc que MF & LG sont quadrans égaux entr'eux, si on en oste le commun arc LF, restera FG égal au costé ML du triangle KML: Or FG est mesure du complement de l'angle B, c'est à dire de l'an-

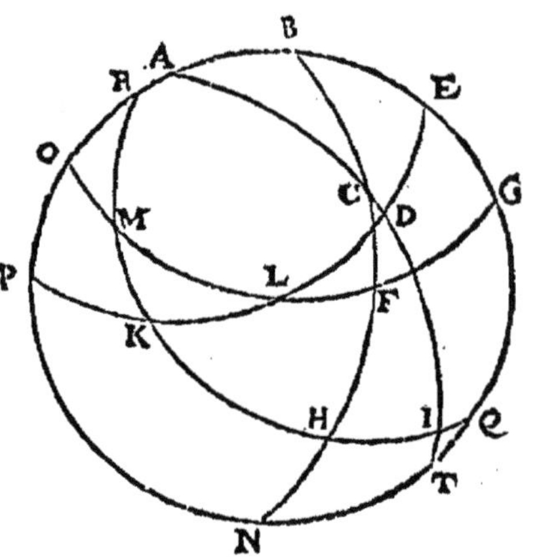

gle CBE, *par la 6. defin.* parce que BG & BF sont quadrans, *par la 4. defin.* Donc le costé ML est égal à iceluy complement. Tout de mesme dautant que KD & LE sont quadrans égaux, si on en oste le commun arc LD, restera le costé KL égal à l'arc DE; c'est à dire à l'angle A, duquel iceluy arc est aussi la mesure. Finalemēt parce que MH & KI sont quadrans, si on en oste le commun arc KH; restera le costé MK égal à HI, c'est à dire à l'angle HCI; c'est à dire à l'angle du sommet ACB, *par le theor. 14. du liu. 1.* Donc les costez du triangle KLM, sont égaux aux angles du triangle ABC chacun au sien, prenant le complement, &c. ce qu'il falloit demonstrer.

Or en eschange les angles du dernier triangle KLM sont égaux aux costez du premier triangle ABC; prenant pour le costé AC qui subtend l'angle B, le complement au demy cercle de l'angle K, opposé au troisiesme costé ML. Car AD & CI sont quadrans, *par la 4. defin.* ostant donc le commun arc CD, restera le costé AC égal à l'arc DI mesure du complement d'iceluy angle K, *par la 6. defin.* Tout de mesme BF & CH sont quadrans; ostant donc le commun arc CF, restera le costé BC égal à l'arc FH, mesure de l'angle M. Finalement BO & AP sont quadrans; ostant donc le commun arc AO, restera le costé AB égal à l'arc OP, mesure de l'angle L. Donc les angles du triangle KLM sont égaux aux costez du triangle ABC chacun au sien, &c. ce qu'il falloit demonstrer.

COROLLAIRE.

Estans doncques donnez les trois angles de quelque triangle spherique qu'on voudra, ses costez seront trouuez par la susdite conuersion. Comme du mesme triangle ABC en la mesme figure icy transferée, soient donnez les trois angles A de 47 degrez; B de 111; & C de 34; & on cherche les costez. Soient pris les deux angles quelsconques A & C pour deux costez; & le complement au demy cercle de l'angle B qui est 69 degrez, pour le troisiesme costé: Et ainsi on aura 69, 47, & 34 pour les costez du triangle MKL. Donc que par ces trois costez donnez, soit cherché lequel qu'on voudra des angles, par le corol. ou schol. du theor. 4. *puis les autres angles*, par le corol. du 3. theor. *& on trouuera 120 degr. 25′ pour l'angle K; 42 degrez 30′ pour l'angle M; & 31 degr. 6′ pour l'angle L. Or maintenant que* *de l'angle K opposé au troisiesme costé ML, soit pris le complement au demy cercle qui est 59 degr. 36', & il sera le costé AC, opposé dans le premier triangle au costé B, duquel a esté pris le complement : mais l'angle L de 31 degr. 6' sera le costé BA ; & l'angle M de 42 degr. 30' sera le costé BC : & ainsi des autres.*

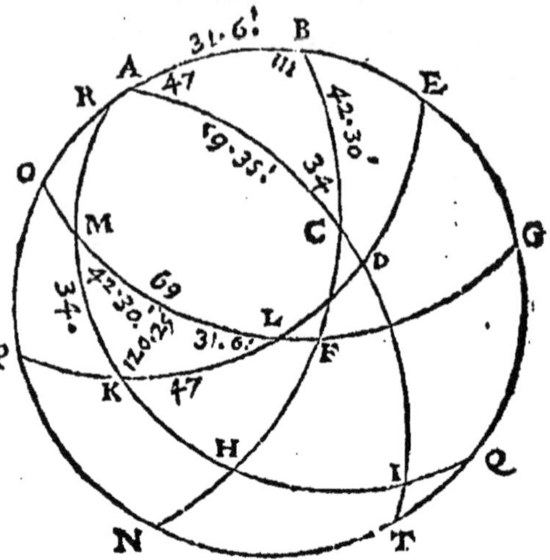

Semblablement si du mesme triangle ABC sont donnez les angles A 47 degr. ; C 34 ; & le costé interjacent AC de 59 degr. 35', on trouuera les autres parties par conuersion. Car le complement de l'angle incogneu B, sera le costé ML du triangle MKL : parce que FG mesure d'iceluy complement, a esté demonstrée égal au costé ML : & pareillement l'angle C sera le costé KM, & l'angle A sera le costé KL : mais le costé AC sera complement au demy cercle de l'angle MKL ; car les arcs AC & DI mesure d'iceluy complement sont égaux par la precedente demonstration. Et partant puis qu'au triangle MKL sont cogneus MK, KL & l'angle qu'ils comprennent ; soit troué le troisiesme costé ML, par le corol. du 4. theor. *qui sera 69 degr. Et dautant que conuertissant par eschange tous les costez du triangle MKL, en angles du triangle ABC, le costé ML est complement au demy cercle de l'angle ABC : donc l'angle B auparauant incogneu sera de* 111. *degrez. Or iceluy cogneu, les costez AB & BC seront facilement trouuez*, par le 3. theoreme.

SCHOLIE.

En la premiere partie du theoreme il apperra par les angles A, C, & complement B (à chacun desquels ont esté monstrez égaux les costez du triangle KLM) quel costé d'iceluy triangle KLM est plus grand ou plus petit que l'autre, ou bien que le quadrant. Mais il faut icy noter la perfection des triangles spheriques au respect des plans : car aux triangles plans par tous les angles donnez on ne peut trouuer les costez, ains seulement leur raison : mais aux spheriques par tous les angles on trouue les costez.

VSAGE DES CINQ THEOREMES CY DESSVS.

Il faut sçauoir en premier lieu qu'iceux theoremes sont seulement propres à resoudre les triangles qui ont pour le moins deux costez plus petits que le quadrant. Car les autres triangles doiuent estre resolus par les triangles qui leur sont opposez, puis que les costez de tout triangle spherique continuez iusques au concours, font vn autre triangle opposé au premier; & que cognoissant les parties de l'vn on cognoist les parties de l'autre, *par le theor. 15. du 1. liu.* & que partant estant faite la resolution du triangle opposé, est faite aussi la resolution du premier.

Et parce que tout triangle spherique est ou rectangle, qui a au moins vn angle droit; ou obliquangle, qui n'a aucun angle droit; il faut sçauoir que

Aux triangles rectangles.

Ou tous les angles sont droits, & partant chacun des costez est quadrant, *par le theor. 19. du 1. liu.* & ainsi toutes les parties sont cogneuës. Ou bien le triangle a seulement deux angles droits; & les costez opposez sont quadrans, *par le mesme theor.* & l'autre costé est mesure de l'autre angle, *par la 6. def.* d'où cognoissant l'vn, l'autre est cogneu. Ou bien le triangle n'a qu'vn angle droit; & en ceste espece de rectangles le calcul est necessaire; mais tout ce qu'on cherche est trouué, *par les theor. 1. & 2. ou leurs corollaires.*

Or parce que des six parties du triangle à resoudre, il en faut tousiours pour le moins cognoistre trois, par lesquelles on cherche les autres : c'est pourquoy si au triangle proposé n'appert proportion entre les parties données & cherchées, conuenante au premier ou second theoreme : alors que chacun costé du triangle soit continué iusques au quadrant, & que toute la figure soit close d'vn quadrant; car en icelle se rencontrera proportion conuenante.

Comme si au triangle ABC rectangle en C, estans donnez le costé AB, & les angles A & C, on cherche le costé AC : dautant qu'entre ces parties données & la cherchée n'y a aucune proportion qui conuienne au premier ou second theoreme : A ceste cauſe que tous les coſtez ſoient continuez iuſques aux quadrans en E,F,D, & que la figure ſoit fermée du quadrant DF deſcrit du pole A, comme il ſe voit en ceſte figure.

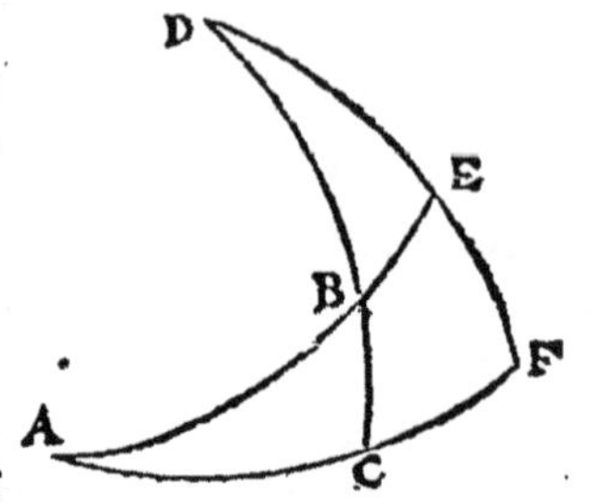

Et lors parce que les angles en E & F ſont droits, *par le theor.* 11. *du* 1. *liu.* & partant qu'aux triangles rectangles DEB & DFC les baſes ſont DE & DF; & les perpendicules BE & CF; mais EF eſt meſure de l'angle A, *par la* 6. *defin.* & partant DE ſon complemẽt, comme EB eſt complement du coſté donné AB. Il ſera *par le theor.* 2. comme le ſinus de DE à la tangente de EB; ainſi le ſinus total de DF à la tangente de FC, duquel le complement eſt AC coſté cherché.

Que ſi la premiere continuation ne ſuffit (comme il arriue quelquefois) il en faudra faire vne ſeconde comme on void en ceſte autre figure: Où pour trouuer l'hypotenuſe AB, par les trois angles A, B & C, la premiere continuation ne ſuffit; c'eſt pourquoy faut encor continuer chacun coſté du triangle DBE iuſques au quadrant en P, H, I; & fermer la figure du quadrant PI deſcrit du pole B.

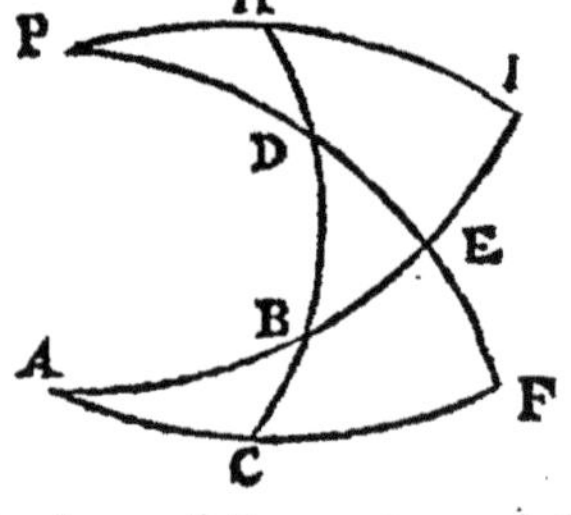

Quoy fait parce que les angles en E & I ſont droits, *par le theor.* 11. *du* 1. *liu.* à cauſe de P pole du cercle AI: aux triangles BED & BIH, les baſes ſeront BE & BI; & les perpendicules DE & HI. Or DE eſt complement de l'angle donné A, comme a eſté monſtré cy deſſus, & IH eſt meſure de l'angle donné B, *par la* 6. *def.* Et dautant que *par le theor.* 2. le ſinus total de BI, eſt à la tangente de IH; comme le ſinus de BE, à la tangente de DE: A rebours la tangente de HI ſera au ſinus total de BI, comme la tangente de DE au ſinus de BE; duquel le complement eſt l'hypothenuſe AB qui eſt cherchée. Et ainſi en eſt-il pour les autres parties cherchées: & n'eſt iamais beſoin d'vne troiſieſme continuation, comme on verra en la Synopſe cy deſſous, par le triangle ABC rectangle en C, deux fois continué de part & d'autre, ou à droit & à gauche.

Mais

Mais aux triangles obliquangles.

Ou bien tous les costez sont donnez,& on cherche quelque angle, *par le theor. 4.* Puis les autres parties, *par le 3. theor.*

Ou deux costez & l'angle qu'ils comprennent sont donnez: & faut premier trouuer le troisiesme costé, *par le 4. theor.* Puis le reste, *par le theor. 3.*

Ou deux costez & vn des angles opposez sont donnez; & on cherche ou l'autre angle opposé, *par le 3. theor.*; ou l'angle compris d'iceux costez; ou le troisiesme costé. Ausquels deux cas derniers, faut reduire le triangle obliquangle en deux triangles rectangles, faisant tomber vn arc perpẽdiculaire de quelqu'vn des angles sur le costé opposé, mesmes continué si de besoin; mais à condition qu'iceluy arc donne trois parties cogneuës en vn des triangles qu'il formera: Car en ceste sorte on trouuera tousiours iceluy perpendicule, *par le 3. theor.* Et estant trouué, on aura en suite les autres parties des triangles rectangles, comme a esté dit cy dessus; & ainsi seront aussi cogneues les parties du triangle obliquangle.

Ou bien tous les angles sont donnez,& on cherche quelque costé, *par le theor. 5.* Puis le reste, *par le 3. theor.*

Ou deux angles & le costé interjacent sont donnez; & on cherche l'angle opposé à iceluy costé, *par le 5. theor.* Puis le reste, *par le 3.*

Ou en fin sont donnez deux angles & vn des costez opposez: & on cherche ou le costé opposé à l'autre angle, *par le 3. theor.* ou le costé interjacent; ou le troisiesme angle. Ausquels deux cas derniers, faut reduire le triãgle obliquangle en deux triangles rectangles, comme dessus; & on trouuera tout de mesme ses parties incogneuës: Et ainsi se resoluent toutes les questions des triangles tant rectangles qu'obliquangles. Mais pour plus grande lumiere aux triangles rectangles, nous mettrons en veuë toutes leurs solutions par vne seule figure, en la suiuante Synopse.

SYNOPSE

De la resolution des triangles spheriques rectangles.

Au triangle ABC de la figure cy dessous, rectangle en C, & duquel tous les costez sont d'vne part & d'autre continuez iusques au quadrant; en sorte que AE, BI, CD, BH, PE, DF, AF & PI soient quadrans, & le mesme doiue estre entendu de la partie senestre.

L'hypothenuse AB sera trouuée.

1. *Par les deux costez AC, BC* Car *par le 1. theor.* comme le sinus total de DC est au sinus de DB complement de BC: ainsi le sinus de CF complement de AC, est au sinus de BE complement de AB.

2. *Par le costé AC & l'angle A.* Car *par le 2. theor.* comme le sinus total de DF, est au sinus de DE complement de A; ainsi la tangente de CF complemẽt de AC, est à la tangente de BE complement de AB.

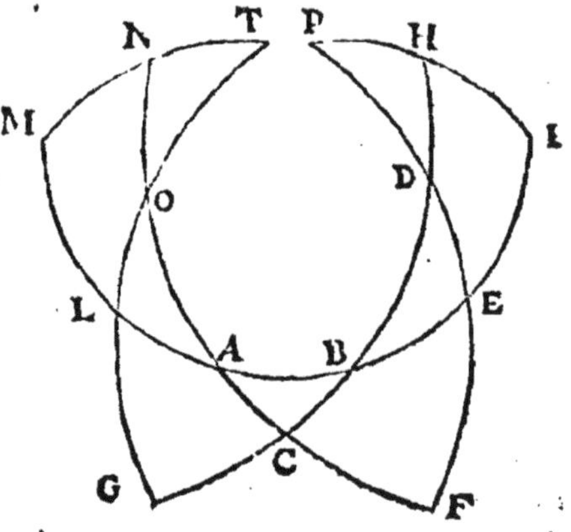

3. *Par le costé AC & l'angle B.* Car *par le 3. theor.* comme le sinus de B est au sinus de AC; ainsi le sinus total de C est au sinus de AB.

4. *Par les deux angles A & B.* Car *par le 2. theor.* comme la tangente de HI ou de B, est à la tangente de DE complement de A; ainsi le sinus total de BI, est au sinus de BE complement de AB.

L'vn des costez BC sera trouué.

5. *Par l'hypothenuse & le costé AC.* Car *par le 1. theor.* comme le sinus de CF complement de AC, est au sinus de BE complement de AB; ainsi le sinus total de DC, est au sinus de DB complement de BC.

6. *Par les deux angles A & B.* Car *par le 1. theor.* comme le sinus de

HI ou de B, est au sinus de DE complement de A; ainsi le sinus total de HB, est au sinus de DB complement de BC.

7. *Par l'hypothenuse & l'angle B.* Car *par le 2. theor.* comme le sinus total de PI, est au sinus de PH complement de B; ainsi la tangente de IE ou de son égale AB, est à la tangente de HD ou de son égale BC.

8. *Par l'hypothenuse & l'angle A.* Car *par le 3. theor.* comme le sinus total de C, est au sinus de AB; ainsi le sinus de A, est au sinus de BC.

9. *Par le costé AC & l'angle A.* Car *par le theor. 2.* comme le sinus total de AF, est au sinus de AC; ainsi la tangente de FE ou de A, est à la tangente de BC.

10. *Par le costé AC & l'angle B.* Car *par le 2. theor.* comme la tangente de LG ou de B, est à la tangente de AC; ainsi le sinus total de BG, est au sinus de BC. Et par semblable raison sera trouué le costé AC.

L'vn des angles A sera trouué.

11. *Par les deux costez AC & BC.* Car *par le 2. theor.* comme le sinus de AC, est au sinus total de AF; ainsi la tangente de BC, est à la tangente de EF ou de A.

12. *Par l'hypothenuse & le costé BC.* Car *par le 3. theor.* comme le sinus de AB, est au sinus total de C; ainsi le sinus de BC, est au sinus de EF ou de A.

13. *Par l'hypothenuse & le costé AC.* Car *par le 2. theor* comme la tangente de CF complement de AC, est à la tangente de BF, complement de AB; ainsi le sinus total de DF, est au sinus de DE complement de A.

14. *Par l'hypothenuse & l'angle B.* Car *par le 2. theor.* comme le sinus total de BI, est au sinus de BE complement de AB; ainsi la tangente de HI ou de B, est à la tangente de DE complement de A.

15. *Par le costé AC & l'angle B.* Car *par le 1. theor.* comme le sinus de AO complement de AC, est au sinus total de AN; ainsi le sinus de OL complement de B, est au sinus de NM ou de l'angle A.

16. *Par le costé BC & l'angle B.* Car *par le theor. 1.* comme le sinus total de BH, est au sinus de DB complement de BC: ainsi le sinus de HI ou de B, est au sinus de DE complement de A. Et par semblable raison sera trouué l'autre angle B.

ADVERTISSEMENT.

OR combien qu'en la Trigonometrie cy dessus, tirée de Regiomontanus, Pitiscus, Snellius & autres: mais accommodée à nostre methode, rien ne semble manquer. Toutesfois Neper Baron Escossois, premier inuenteur des logarithmes, digne en verité d'eternelle memoire; cõme il estoit d'vn esprit tres-subtil, en a encor donné vne autre dans sa Table des logarithmes, laquelle selon mon iugemẽt est encor plus breue & subtile pour les triãgles spheriques: mais il ne l'a pas demonstré, ce qui estoit souhaitté de plusieurs hommes doctes. C'est pourquoy si ie la traitte icy en peu de mots, & la demonstre toute par la precedente; ie ne doute point que cela ne soit tres-agreable aux curieux de ceste science. Ioint qu'encores que la precedente soit tres-facile & euidente par la Synopse cy dessus; & partant qu'aux triangles principalement rectangles elle puisse plaire dauantage à quelques-vns: toutesfois il se peut faire aussi, & non sans sujet, que d'autres prefereront la suiuante pour les triangles principalement obliquangles, lesquels par la precedente doiuent estre reduits en deux triangles rectangles pour estre resolus; & la partie qu'on cherche ne peut estre trouuée que par trois regles de trois. Car Neper à la fin de la construction de sa Table admirable des logarithmes, a adjousté 14 propositions, qu'il appelle tres-eminentes, pour resoudre les triangles spheriques obliquangles d'vne admirable facilité; sans les reduire en deux rectangles, & où n'est besoin tout au plus que de deux regles de trois. Desquelles propositions neãtmoins ayãt aussi supprimé les demonstrations; ie donneray cy dessous 4 theoremes à la verité fort excellens, que i'ay tiré des 1. & 2. theoremes de ce liure, par lesquels icelles propositions sont toutes demonstrées auec grande facilité, & entierement selon l'intention de Neper; en sorte que ce sera vne belle lumiere en la Trigonometrie, & vn grand contentement à ceux qui s'occupent à ceste doctrine. Or nous continuerons l'ordre numeraire des theoremes de ce liure, de peur que l'interruption ne nous cause icy ou ailleurs quelque confusion: mais en premier lieu il nous faut expliquer la pensée de Neper touchant les triangles spheriques.

Donc selon Neper au liu. 2. de sa Table des logar. chap. 3. & 5. le triangle spherique est quadrantal, ou non. Le quadrantal est simple ou multiple : & le simple est celuy duquel vn costé ou vn angle est égal au quadrant, dont il est icy principalement question ; car pour le quadrantal multiple, il n'a besoin de calcul, comme a esté dit en l'vsage des 5 precedens theoremes. Mais le non quadrantal est celuy qui n'a ny costé ny angle égal au quadrant. Or il est reduit en deux quadrantaux, si d'vn angle vertical on tire sur la base opposée & continuée si de besoin, vn arc qui soit ou perpendiculaire, ou quadrant. Et l'arc perpendiculaire tombera dans le triangle, si les angles en la base sont de mesme espece ; mais dehors si de diuerse, *par le theor. 22. du 1. liu.* Et le quadrant au contraire tombera dans le triangle si les costez sont de diuerse espece ; mais dehors s'ils sont de mesme, *par le 23. theor. du 1. liu.*

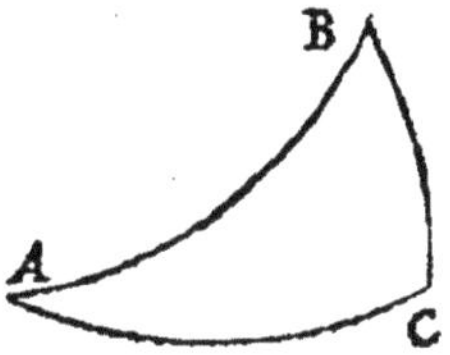

Or au simple quadrantal les trois parties plus esloignées de l'angle droit ou du quadrant, doiuent estre changées en leurs complemens : c'est à dire, il faut prendre leurs complemens au lieu d'icelles. Comme si au triangle ABC l'angle C est droit, les trois parties plus esloignées de C seront les angles B & A, & le costé BA ; lesquelles faudra changer en leurs complemens. Et si au triangle ADB le costé AD est quadrant ; les trois parties plus esloignées de AD, seront les costez AB, BD, & l'angle B qu'il faudra changer en leurs complemens.

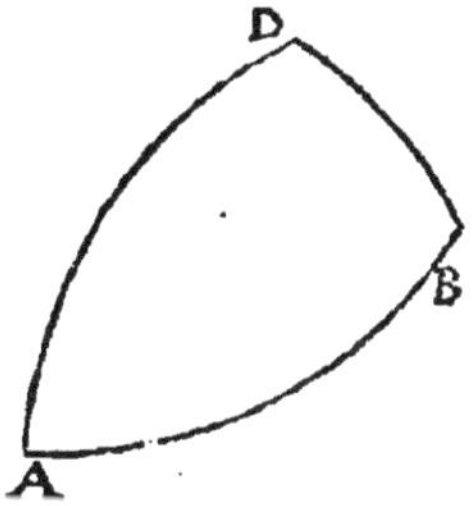

Maintenant ces trois complemens auec les deux autres parties qui sont à l'entour de l'angle droit ou du quadrant, font cinq parties : trois desquelles tombent tousiours en la question proposée ; & de ces trois deux sont données, & on cherche la troisiesme. Derechef d'icelles trois l'vne est tousiours moyenne de situation, & les deux autres extremes ; & celles-cy sont dites circumposées à la moyenne si elles luy sont adjacentes ou immediatement ; comme sont au triangle ABC, le costé BC, le complement de l'angle B, & le complement du costé AB ; desquelles la moyenne est le complement de l'angle B : ou au triangle ABD, l'angle D le complement du costé DB, & le complement de l'angle B; desquelles la moyenne est le complement du costé DB : ou bien mediatement par le seul angle droit ou quadrant; comme sont au triangle ABC le complement de l'angle A, le costé AC & le costé BC; desquelles la moyenne est AC : ou au triangle ADB le complement du costé AB, l'angle A & l'angle D, desquelles la moyenne est l'angle A.

Mais les extremes sont dittes opposées à la moyenne si elles ne luy sont adjacentes immediatement ou mediatement, par le seul angle droit ou le quadrant, comme dessus. Ces choses entenduës soit.

THEOREME VI.

Aux simples quadrantaux comme la tangente d'vne circumposée est au sinus droit de la moyenne, ainsi le rayon est à la tangente de l'autre circumposée. Et partant d'icelles trois parties les deux estans données, on aura la troisiesme en deux façons.

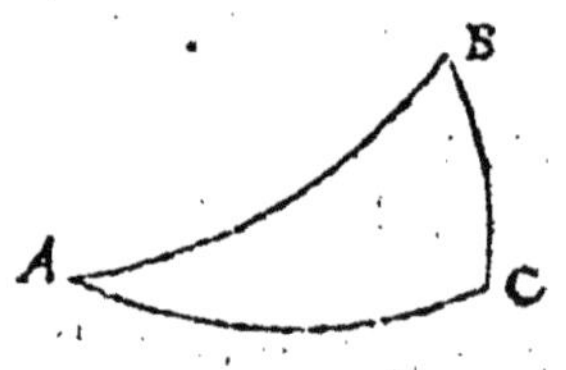

Car si au triangle ABC rectangle en C, icelles trois parties sont le complement de la moyenne B, le complement de la circumposée AB, & l'autre circumposée BC; il sera *par le nombre 7. de la synopse des rectangles.*

Comme le Rayon —— au sin. du compl. de B.
Ainsi la tang. de AB —— à la tang. de BC.

Et partant *selon le theor. 9. du 1. liu.* comme la tangente de BC, au sinus du complement de B : ainsi la tangente de AB au rayon. Mais comme la tangente de AB est au rayon; ainsi le rayon est à la tangente du complement de AB, *par le theor. 6. du 1. liu.* Donc posant le rayon au lieu de la tangente de AB, & le complement de la tangente de AB au lieu du rayon; sera tousiours gardée mesme proportion; & fait suiuant ce theoreme.

Comme la tang. du compl. de AB —— au sin. du compl. de B.
Ainsi le Rayon —— à la tang. de BC.

Si les trois parties sont la moyenne AC, le complement de la circumposée A, & l'autre circumposée CB. Il sera *par le nombre 9. de la synopse des rectangles.*

Comme le Rayon —— au sinus de AC.

Ainsi la tang. de A —— à la tang. de BC.

Mais par la raison cy dessus, & la transposition faite, il sera

Comme la tang. du compl. de A —— au sinus de AC;

Ainsi le Rayon —— à la tang. de BC.

Si en fin les trois parties sont le complement de la moyenne AB, & les complemens des angles circumposez A & B; il sera *par le nomb. 14. de la synopse des rectangles.*

Comme le Rayon —— au sin. du compl. de AB.

Ainsi la tang. de B —— à la tang. du compl. de A.

Mais par la raison cy dessus, & la transposition faite, il sera

Comme la tang. du compl. de B —— au sin. du compl. de AB.

Ainsi le Rayon —— à la tang. du compl. de A.

Tout le theoreme donc est manifeste en tous les cas du triangle ABC. Ce qu'il falloit demonstrer.

THEOREME VII.

Aux simples quadrantaux, comme le sinus du complement d'vne opposée, est au sinus de la moyenne: ainsi le sinus total est au sinus du complement de l'autre opposée. Et partant d'icelles trois parties les deux estans données, on aura la troisiesme en deux façons.

Car si au triangle ABC rectangle en C, icelles trois parties sont le complement de la moyenne AB, & les opposées AC & BC; il sera *par le nomb. 5. de la synop. des rectangles.*

Comme le sin. du compl. de AC —— au sin. du comp. de AB.

Ainsi le sinus total —— au sinus du compl. de BC.

Si les trois parties sont la moyenne AC, & les complemens des opposées AB & B; il sera *par le nombre 3. de la synop. des rectangles.*

Comme le sinus de B —— au sinus de AC.

Ainsi le Rayon —— au sinus de AB.

Car B est complement de son complement, & AB aussi du sien.

Si en fin les trois parties sont le complement de la moyenne A, le complement de l'opposée B, & l'autre opposée BC; il sera *par le nomb. 6. de la synop. des rectangles.*

Comme le sinus de B —— au sinus du compl. de A.

Ainsi le sinus total —— au sin. du compl. de BC.

Tout le theoreme donc est manifeste par tout le triangle ABC, ce qu'il falloit demonstrer.

SCHOLIE.

Il en est tout de mesme au quadrantal ABD, *duquel le costé* AD *est quadrant. Car ayant continué le costé* BD *iusques au quadrant en* C, *& du pole* D *tiré l'arc* AC; *sera fait le triangle* ABC *rectangle en* C, *resolu cy dessus. Et de la resolution duquel seront cogneues les parties demandées au triangle* ABD, par le corol. du 17. theor. du 1. liu. *Car en iceluy triangle donner le complement de la moyenne* BD, *& les circumposées* D *& complement de l'angle* B; *c'est mesme chose qu'au triangle* ABC, *donner la moyenne* BC, *& les circumposées* AC *& complement de l'angle* B. *Et donner au mesme triangle* ABD *le complement de la moyenne* BD, *& les opposées complement de* A *& complement de* AB : *c'est mesme chose qu'au triangle* ABC *donner la moyenne* BC, *& les opposées complement de* A *& complement de* AB. *Donc les deux quadrantaux* ABD *&* ABC *sont resolus en semblable maniere; car il en est tout de mesme des autres parties d'iceux triangles qui se correspondent. Voila pour les quadrantaux.*

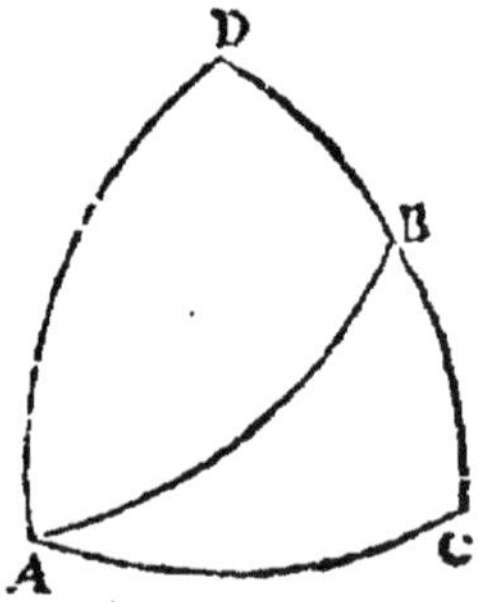

Et dautant que les non quadrantaux sont reduits en deux quadrantaux, tirant vn arc perpendiculaire ou quadrant, d'vn des angles du triangle sur le costé opposé; mais à condition pour le calcul, que l'arc ou quadrant donne trois parties cogneues au triangle qu'il fait. Il s'ensuit que pour toute la Trigonometrie spherique; si en quelque triangle que ce soit, on donne des parties de diuers genre, comme deux costez & vn angle, ou deux angles & vn costé;

suffisent

suffisent les deux derniers theoremes: Mais si on donne seulement des parties de mesme genre, comme trois costez ou trois angles; au premier cas est requis le theoreme 4. & au dernier le theoreme 5. Et par ainsi toute la Trigonometrie des spheriques n'a besoin que de ces 4 theoremes; chose tres-agreable & tres-vtile pour soulager la memoire.

Or maintenant donnons les 4 theoremes que nous auons promis pour les triangles non quadrantaux, afin d'euiter leur prolixe resolution par deux quadrantaux.

THEOREME VIII.

Si d'vn angle vertical tombe vn arc perpendiculaire sur la base: les sinus des complemens des segmens de la base, compris entre l'arc perpendiculaire & les costez, sont proportionels aux sinus des complemens d'iceux costez.

Qu'au triangle BAD sur la base BD, tombe de l'angle vertical A, l'arc perpendiculaire AC, dans le triangle; faisant les deux segmens CD & CB. Ie dis que le sinus du complement de CD, est au sinus du complement de AD; comme le sinus du complement de CB, est au sinus du complement de AB. Car soient continuez AB, AC, AD, iusques aux quadrans en F, G, H; & que du pole A soit descrit l'arc IHE, rencontrant les segmens CD & CB continuez en E & I: Et DI & BE seront complemens des segmens CD & CB; comme aussi DH & BF complemens des costez AD & AB; & les angles en F, G, H droits, *par le 11. theor. du 1. liu.* Et partant le sinus de ID, sera au sinus de DH, comme le sinus total de IC au sinus de CG, *par le 1. theor.* Mais comme le sinus total de IC ou de EC, est au sinus de CG; ainsi est aussi le sinus de EB au sinus de BF. Donc comme le sinus de ID est au sinus de DH; ainsi est le sinus de EB au sinus de BF, *par la 11. prop. du 5. Elem.* comme il est proposé.

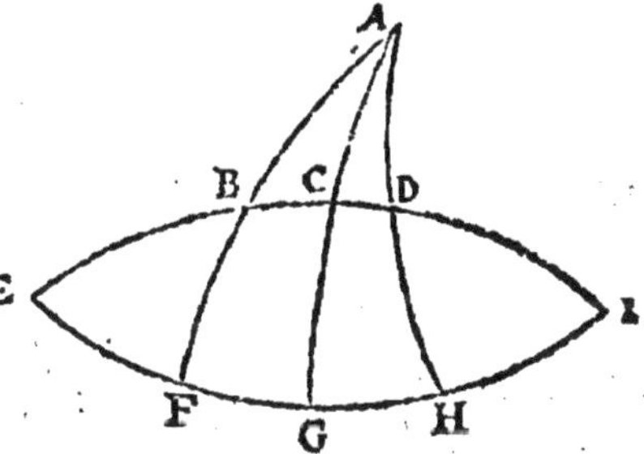

Or que derechef au triangle BAD sur la base BD continuée,

tombe de l'angle vertical A, l'arc perpendiculaire AC : & estans AB, AD, AC, continuez iusques aux quadrans en F, H, G ; & du pole A mené le quadrant EG, rencontrant CB en E: les angles en F, H, G seront droits, *par la 4. def.* Et partant le sinus de EB complement de BC, sera au sinus de BF complement de AB ; comme le sinus de ED complement de DC, au sinus de DH complement de AD, *par le corol. 2. du 1. theor.* ainsi qu'il est proposé.

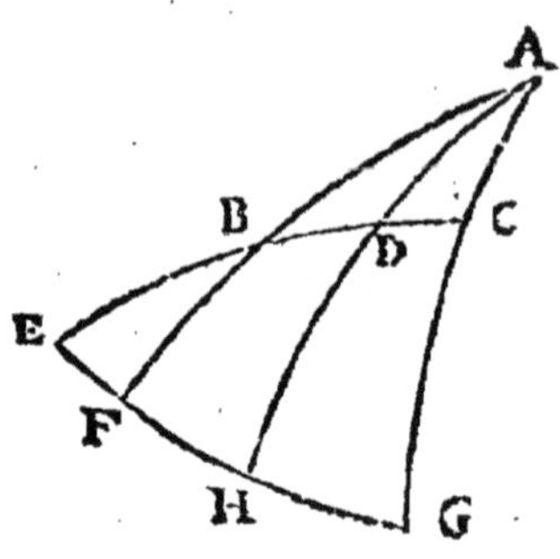

COROLLAIRE.

Donc des deux costez BA & AD, & des deux segmens de la base BC & CD, estans donnez les trois quelsconques ; on trouuera le quatriesme en deux façons, par le schol. du theor. 9. du 1. liu. *Car*

Comme le sin. du compl. de CD —— *est au sinus du compl. de* AD.

Ainsi le sin. du compl. de CB —— *est au sin. du compl. de* AB.

THEOREME IX.

Si d'vn angle vertical tombe vn arc perpendiculaire sur la base; les tangentes des costez, & les sinus des complemens des angles verticaux compris des costez & de l'arc perpendiculaire, sont reciproquement proportionels.

Qu'au triangle BAD sur la base BD tombe de l'angle vertical A, l'arc perpendiculaire AC dans le triangle ; & soit fait *comme au theor. 8.* Et EF sera complement de l'angle BAC, & IH complement de l'angle DAC. Ie dis que la tangente de BA, est à la tangente de DA ; comme le sinus de IH, au sinus de EF. Car comme est le sinus de IH à la tangente de HD ; ainsi est le sinus de EF, à la

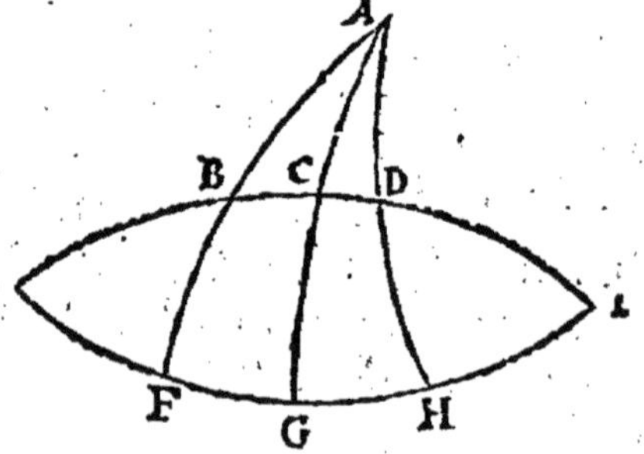

tangēte de FB, *par la 11. pr. du 5. Elem.* dautāt que l'vne & l'autre raison est cōme du sinus total de IG ou EG, à la tangente de GC, *par le th. 2.* Donc alternatiuement le sinus de IH, sera au sinus de EF, comme la tangente de HD, à la tangente de FB, *par la 16. prop. du 5. Elem.* Mais comme est la tangente de HD, à la tangente de FB; ainsi est reciproquement la tangente de BA, à la tangente de DA, *par le theor. 7. du 1. liu.* Donc comme la tangente de BA, est à la tangente de DA; ainsi le sinus de IH sera au sinus de EF, *par la 11. prop. du 5. Elem.* comme il est proposé.

Que si l'arc perpendiculaire AC tombe hors le triangle ABD, comme en la 2 figure du theor. 8: EF sera complement de l'angle BAC, & EH complement de l'angle DAC. Et dautant que comme est le sinus de EH à la tangente de HD; ainsi est le sinus de EF à la tangente de FB, *par le corol. 2. du theor. 2.* Donc alternatiuement comme le sinus de EH est au sinus de EF; ainsi sera la tangente de HD à la tangente de FB: Mais comme est à la tangente de HD, à la tangente de FB; ainsi est reciproquement la tangente de BA, à la tangente de DA, *par le theor. 7. du 1. liu.* Donc comme la tangente de BA est à la tangente de DA; ainsi le sinus de EH, est au sinus de EF, *par la 11. prop. du 5. Elem.* comme il est proposé.

COROLLAIRE.

Donc des deux costez BA & AD, & des deux angles BAC & DAC, estans donnez les trois quelsconques on trouuera le quatriesme en deux façons. Car

Comme la tang. de BA —— *est à la tang. de* DA;

Ainsi le sin. du compl. de DAC —— *est au sin. du compl. de* BAC.

THEOREME X.

Si d'vn angle vertical tombe vn arc perpendiculaire sur la base: les sinus des segmens de la base, compris entre l'arc perpendiculaire & les costez, sont reciproquement proportionels aux tangentes des angles à la base.

Qu'au triangle BAD sur la base BD, tombe de l'angle vertical A, l'arc perpendiculaire AC dans le triangle, faisant les segmens de la base BC & CD. Ie dis que le sinus de BC est au sinus de CD; comme reciproquement la tangente de l'angle D, est à la tangente de l'angle B. Car les costez BA & AD estans continuez iusques aux quadrans en G & F; lors des poles B & D sur la base BD aussi continuée si de besoin (comme en la 2. figure) soient tirez les arcs GH & FE qui couperont la base en angles droits, *par le 11. theor. du 1. liu.* Et partant le sinus de BC premiere grandeur sera à la tangente de CA seconde; comme le sinus total de BH troisiesme, à la

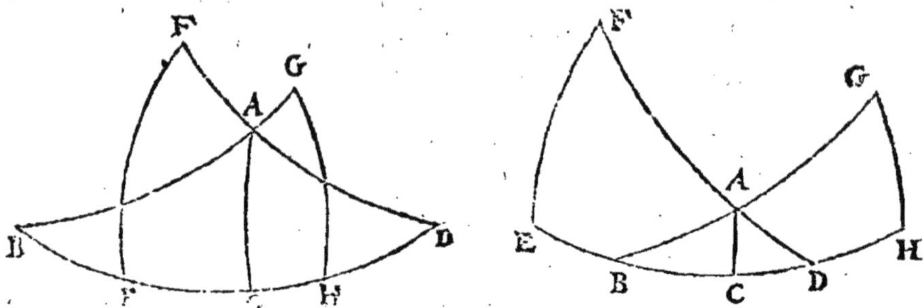

tangente de GH ou angle B quatriesme. Or le sinus de DC cinquiesme, est à la tangente de CA seconde; comme le sinus total de DE ou BH troisiesme, est à la tangente de EF ou angle D sixiesme. Donc au rebours comme la tangente de CA est au sinus de DC; ainsi est la tangente de FE ou angle D, au sinus total. Parquoy en égalité de raison le sinus de BC, sera au sinus de DC; comme la tangente de EF ou angle D, à la tangente de HG ou angle B, *par la 23. prop. du 5. Elem.* comme il est proposé.

Or que l'arc perpendiculaire AC tombe hors le triangle BAD; & entre iceluy & les angles à la base seront faits les arcs BC & DC. Ie dis derechef que comme le sinus de BC est au sinus de CD; ainsi est la tangente de l'angle D, à la tangente de l'angle B. Car les costez BA & AD estans continuez, &c. tout comme dessus.

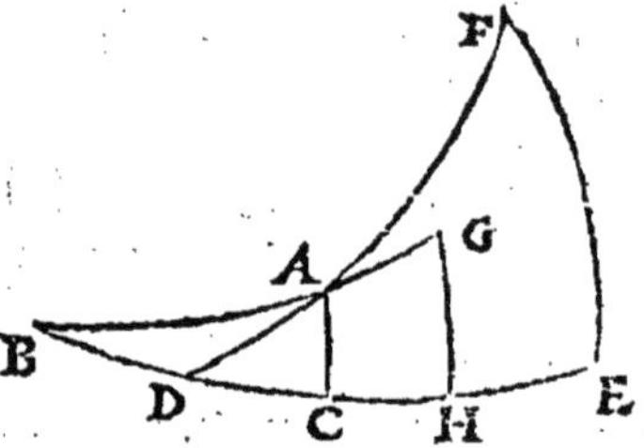

COROLLAIRE.

Donc des deux segmens de la base BC & CD, & des deux angles à la base B & D estans donnez les trois quelsconques, on trouuera le quatriesme en deux façons. Car

Comme le sin. de BC——*est au sin. de* CD.

Ainsi la tang. de l'angle D——*est à la tang. de l'angle* B.

THEOREME XI.

Si d'vn angle vertical tombe vn arc perpendiculaire sur la base; les sinus des angles compris de l'arc perpendiculaire & des costez sont proportionels aux sinus des complemens des angles à la base.

Qu'au triangle BAD sur la base BD, continuée si de besoin, (cõme en la 2. figure) tombe de l'angle vertical l'arc perpendiculaire AC dedans ou dehors le triangle, faisant les angles BAC & DAC. Ie dis que le sinus de l'angle BAC, est au sinus de l'angle DAC; comme le sinus du complement de l'angle B, au sinus du

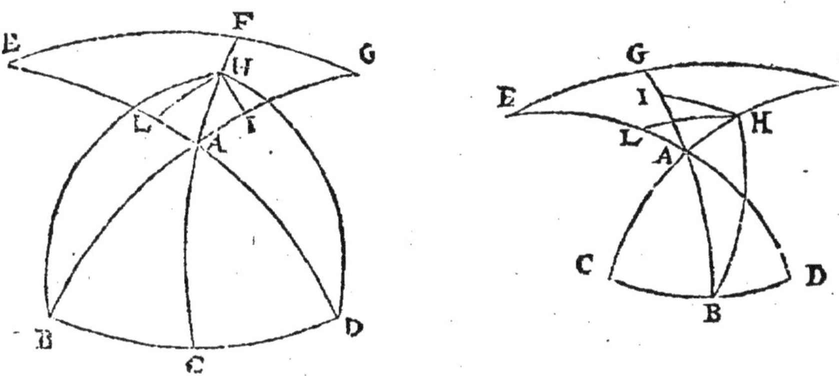

complement de l'angle D, qui sont tous deux à la base. Car que les costez BA, DA, & l'arc perpendiculaire AC soient continuez depuis A iusques aux quadrans en G, E, F: & que du pole A soit descrit l'arc de cercle EFG: Et qu'en l'arc perpendiculaire continué soit H pole du cercle BD; duquel sur la base BD tombent les arcs perpendiculaires HB & HD; & sur les costez BA & DA aussi continuez, les arcs perpendiculaires HI & HL des poles B & D. Ce qu'estant fait, EF sera mesure de l'angle EAF, *par la 6. def.* c'est à dire de l'angle au sommet DAC, *par le theor. 14. du 1. liu.* & semblablemẽt FG sera mesure de l'angle BAC. Dauãtage l'angle HDL sera complement de l'angle D; & l'angle HBI complement de l'angle B, au triangle donné BAD. Et dautant que les angles en L & I sont droits; le sinus de FG sera au sinus de HI, comme le sinus de AF au sinus de AH, *par le 1. theor.* Mais le sinus de EF est aussi au sinus de LH; comme le sinus de AF au sinus de AH: Donc le sinus de FG sera au sinus de HI, comme le sinus de EF au sinus de LH: Et partant en raison alterne le sinus de FG ou de l'angle BAC, sera au sinus de FE ou de l'angle DAC; comme le sinus de HI complement de B, est au sinus de HL complement de D, ainsi qu'il est proposé.

COROLLAIRE.

Donc des deux angles BAC & DAC, & des deux angles à la base B & D, estãs dõnez les 3. quelscõques, on trouuera le quatriesme en deux façons. Car,

Comme le sin. de l'angle BAC —— est au sin. de l'angle DAC;

Ainsi le sin. du compl. de l'ang. B —— est au sin. du compl. de l'ang. D.

SYNOPSE

De la resolution de tous les triangles spheriques, mesmes obliquangles; selon les propositiõs tres-eminẽtes de Neper demonstrées cy dessus.

Au triangle obliquangle BAD.

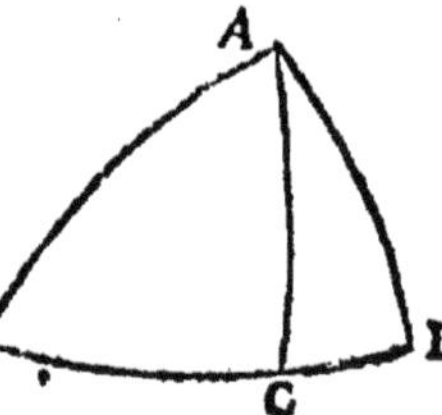

Estans donnez les trois costez, trouuer chacun des angles.

1. Cela se fera par les logarithmes, *suiuant le schol. du theor. 4.*

Estans donnez les trois angles, trouuer chacun des costez.

2. Cela se fera *par le corol. du theor. 5.*

Estans donnez deux costez & l'angle qu'ils comprennent, trouuer les autres parties.

3. Cõme au mesme triangle obliquangle BAD (auquel il faut tousiours à cause de la demonstration, conceuoir l'arc perpendiculaire AC, tiré en sorte d'vn angle vertical A sur la base ou costé opposé BD, qu'en l'vn des triangles BCA & DCA des six parties il en donne deux cogneuës outre l'angle droit en C) *Estans dõnez les costez AD, DB, & l'angle D; trouuer le costé BA.* Soit fait *par le 7. nombre*

de la synopse des rectangles, comme le sinus total, au sinus du complement de D ; ainsi la tangente de AD, à la tangente de CD ; d'où sera aussi cogneu BC : Puis soit fait *par le theor. 8.* comme le sinus du complement de CD, au sinus du complement de AD : ainsi le sinus du complement de BC, au sinus du complement de BA.

4. *Estans données les mesmes parties, trouuer l'angle B.* Soiét trouuez BC & CD, *comme au nomb. 3.* Puis soit fait *par le 10. theor.* cõme le sinus de BC au sinus de CD ; ainsi la tãgẽte de D, à la tãgẽte de B.

5. *Estans données les mesmes parties, trouuer l'angle BAD.* La figure estant laissée en sa situation cy dessus, il seroit besoin de trois reigles de trois : Mais pour l'euiter, qu'on mette en la figure la lettre B au lieu de A, & A au lieu de B ; puis de A tirant l'arc perpendiculaire AC sur BD continuée, le probleme sera tout le mesme qu'au nombre 4. Voyez icy la figure. Mais si l'angle cherché BAD est plus grand qu'vn droit, lors à la fin du calcul arriuera son complement au demy cercle ABC.

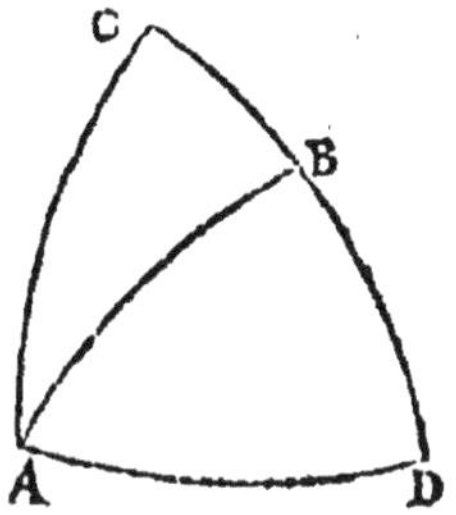

C B A D

Estãs dõnez 2 costez & vn angle opposé, trouuer les autres parties.

6. *Comme estans donnez BA, AD, & D, trouuer BD.* Soit trouué CD *comme au nomb. 3.* Puis *par la conuerse du theor. 8.* Soit fait comme le sinus du complement de AD, au sinus du complement de CD ; ainsi le sinus du complement de AB, au sinus du complement de BC : & ainsi sera trouuée tout BD.

7. *Estans données les mesmes parties trouuer B.* Soit fait *par le theor. 3.* cõme le sinus de BA au sinus de D ; ainsi le sinus de AD au sin. de B.

8. *Estãs données les mesmes parties, trouuer BAD.* Soit fait *par le nõb. 14. de la synop. des rectangles,* cõme le sinus total au sinus du complement de AD, ainsi la tangente de D, à la tangente du complemẽt de DAC. Puis soit fait *par le 9. theor.* comme la tangente de BA à la tangente de DA ; ainsi le sinus du complement de DAC, au sinus du complement de BAC ; & ainsi sera cogneu tout BAD.

Estans donnez deux angles & le costé interjacent, trouuer les autres parties.

9. *Comme estãs donnez A, D, & AD, trouuer AB.* Soit trouué DAC, *cõme au nomb. 8.* & on sçaura aussi BAC. Puis soit fait par *la conuerse*

du theor. 9. cōme le sinus du complemēt de BAC, au sinus du complement de DAC; ainsi la tangente de AD, à la tangente de AB.

10. *Estans données les mesmes parties trouuer B.* Soit trouué DAC, *comme au nomb. 8.* & on sçaura aussi BAC. Puis soit fait *par le 11. theor.* comme le sinus de DAC au sinus de BAC, ainsi le sinus du complement de D, au sinus du complement de B.

11. *Estans données les mesmes parties trouuer BD.* La figure estant laissée en sa situation, il seroit besoin de trois regles de trois. Mais que la lettre D soit mise au lieu de A, & A au lieu de D; & le probleme sera tout le mesme qu'au nombre 9. Car en ceste figure où tu vois le mesme triangle BAD (les lettres D & A transposées) ayant tiré l'arc perpendiculaire AC sur BD; & continué AC, AD & AB iusques aux quadrans en G, H, F, comme aussi BD; en sorte que EC & EG tirez de E pole du cercle AG soient quadrans; cognoissant les angles DAC & BAC *par iceluy nombre 9.* il sera puis apres *par le theor. 9.* comme le sinus de EF complement de BAC, au sinus de EH complement de DAC; ainsi la tangente de AD à la tangente de AB, qui est BD selon la premiere situation de la figure.

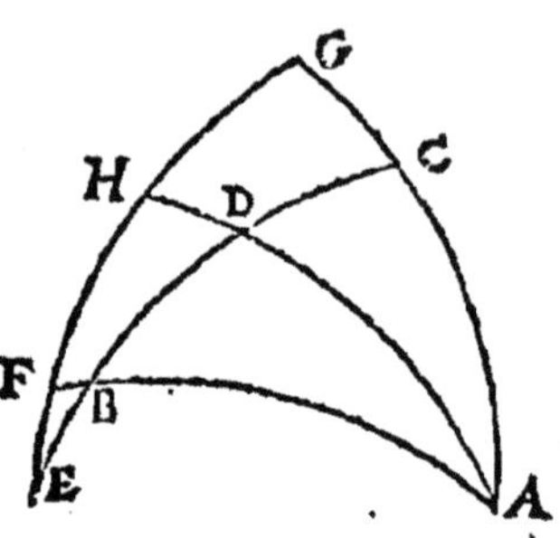

Estās dōnez 2 angles & vn costé opposé, trouuer les autres parties.

12. *Comme estans donnez B & D, auec AD, trouuer AB.* Soit fait *par le theor. 3.* comme le sinus de B, au sinus de AD; ainsi le sinus de D au sinus de AB.

13. *Estans données les mesmes parties, trouuer BD.* Soit trouué CD, *comme au nombre 4.* Puis soit fait *par le 10. theor.* comme la tangente de B à la tangente de D; ainsi le sinus de DC au sinus de BC; & ainsi on sçaura tout BD.

14. *Estās dōnées les mesmes parties, trouuer BAD.* Soit trouué DAC *comme au nombre 8.* Puis soit fait *par la conuerse du 11. theor.* comme le sinus du complement de D, au sinus du complement de B: ainsi le sinus de DAC, au sinus de BAC, & partant on sçaura BAD.

Et ainsi est accomplie la breue & facile doctrine de resoudre tous triangles, à l'honneur & gloire de celuy qui TRINE & VN est vie eternelle à ceux qui croyent en luy.

LIVRE

LIVRE QVATRIESME DE LA TRIGONOMETRIE CANONIQVE.

CONTENANT L'ADMIRABLE NATVRE, proprieté, construction & vsage des logarithmes, en la Trigonometrie.

CHAPITRE I.

DE LA DEFINITION OV NATVRE des Logarithmes, & de leur inuention.

LOGARITHMES sont nombres, qui appliquez à autres nombres proportionels, gardent entr'eux égale difference, soit en croissant ou décroissant. Comme en la Tablette cy dessous si aux nombres proportionels de la colomne A, sont appliquez vis-à-vis des nombres s'excedans l'vn l'autre par égale difference; sçauoir de 1 en la colomne B, de 2 en la colomne C: ou diminuans de 4 successiuement en la colomne D; iceux nombres seront appellez logarithmes des nombres de la colomne A. Par exemple, du nombre 8 en la colomne A, seront logarithmes en la colomne B 4, en la colomne C 9, en la colomne D 24, posez vis-à-vis d'iceluy nombre 8; & ainsi des autres.

De là est manifeste qu'à quelques nombres proportionels que

ce soit, on peut appliquer tels logarithmes qu'on veut: puis que tant les nombres de la colomne B, que de la colomne C, ou de la colomne D, sont logarithmes des nombres proportionels de la colomne A.

Le premier inuenteur de ces logarithmes a esté Iean Neper Escossois, Baron de Merchiston, à la verité digne de loüange immortelle pour ceste diuine inuention; par laquelle aux grandes supputations, comme sont principalement les astronomiques, on peut resoudre plus de choses en vne heure, que par les vulgaires Tables des sinus en vn iour.

A	B	C	D
1	1	3	36
2	2	5	32
4	3	7	28
8	4	9	24
16	5	11	20
32	6	13	16
64	7	15	12
128	8	17	8.

Or il a appliqué ses logarithmes aux sinus, tangentes & secantes des arcs du quadrant, posant o pour logarithme du sinus total, puis augmẽtant les logarithmes, à mesure que les arcs diminuent du quadrant; en sorte que le plus grand logarithme soit appliqué & conuenant au plus petit arc. Toutesfois il a donné aduis en suitte de la construction de sa Table des logarithmes, qu'on pouuoit bastir vne autre & plus excellente espece de logarithmes, en laquelle o seroit le logarithme de l'vnité; & a laissé des preceptes pour cela. Ce qu'estant remarqué par Henry Briggius Professeur en Geometrie dans l'Vniuersité d'Oxon, il se mis à composer vne Arithmetique logarithmique, faisant vne Table des nombres absolus depuis 1, iusques à 30000: laquelle par apres Adrian Vlacq a continuée iusques à 100000. En laquelle Table o est logarithme de 1, & les logarithmes croissent à mesure que les nõbres augmentent depuis l'vnité: en sorte que le logarithme du nombre 10, est 10000000; le logarithme du nombre 100, est 20000000; & ainsi consecutiuement. Et ceste Table sera mise cy dessous pour les nombres absolus, seulement depuis 1 iusques à 1000, laquelle nous appellerons premiere Table des logarithmes, & par icelle enseignerons de faire tout ce qui se peut par l'autre plus grande cy dessus, continuée iusques à 100000.

En mesme temps Edmund Gunther Professeur en Astronomie dans l'Vniuersité de Londres, composa vne autre Table de logarithmes correspondans aux sinus & tangentes des arcs du quadrant, laquelle aussi Adrian Vlacq a mis en lumiere, & dit l'auoir composée pour les sinus, tangentes & secantes : Et est tant par l'vn que par l'autre supputée selō l'hypothese de la premiere Table de Briggius, sçauoir est posant o pour le logarithme de 1 : 10000000 pour le logarithme de 10 : 20000000 pour le logarithme de 100, &c : De sorte que ceste derniere Table (laquelle nous mettrons encor cy dessous, & l'appellerons seconde Table des logarithmes) n'est qu'vne continuation de la premiere, pour les nombres absolus des sinus & tangentes. Voyez le fondement d'icelles Tables en ceste autre Tablette.

Nombres.	*Logarithmes.*
1	00000000
10	10000000
100	20000000
1000	30000000
10000	40000000
100000	50000000
1000000	60000000
10000000	70000000
100000000	80000000
1000000000	90000000
10000000000	100000000

En laquelle sont mis à main gauche les nombres absolus en continuë proportion decuple commencée à l'vnité ; & à main droite leurs logarithmes : à sçauoir o pour le logarithme de 1 : 10000000 pour le logarithme de 10, &c : iceux logarithmes s'excedans l'vn l'autre de [illegible]0000000.

Or en ceste Tablette y a trois choses à remarquer : la premiere, qu'en 10000000 logarithme de 10, sont contenus les logarithmes de tous les nombres qui sont au dessous de 10, ou plus petits que 10 ; en 20000000 logarithme de 100, sont contenus les logarithmes de tous les nombres au dessous de 100, &c : De sorte qu'au dernier logarithme 100000000, qui en la seconde Table est posé logarithme du Rayon ; sont pareillement contenus les logarithmes de tous les nombres au dessous de 10000000000, posé pour sinus total, dans les Tables de Rheticus.

La seconde, que la premiere figure senestre de tous logarithmes est nommée caracteristique, ou indicatiue des nombres absolus; dautant qu'elle monstre l'ordre du nombre auquel le logarithme conuient. Car pour les nombres compris depuis 1 iusques à 10 exclusiuement, la caracteristique est 0. Pour les compris depuis 10 iusques à 100 exclusiuement, la caracteristique est 1. Pour les compris depuis 100 iusques à 1000, la caracteristique est 2. Et ainsi consecutiuement, tousiours d'vnité moindre que le nombre des figures du nombre absolu proposé. De maniere qu'estant proposé le nombre quelconque 45372 de 5 figures, on sçait aussi tost que la caracteristique de son logarithme est 4. Et ainsi des autres.

Finalement que comme les logarithmes des nombres cy dessus 1. 10. 100. &c: different seulement entre eux de caracteristique; mais sont tous semblables quant aux autres figures: Ainsi en est-il de tous autres nombres constituez en mesme raison decuple, centuple, &c: Et partant estant donné 15051499 logarithme du nombre 32; le logarithme du millecuple de 32, c'est à dire de 32000, sera 45051499 seulement augmenté de la caracteristique 3, laquelle conuient au nombre 1000; & ainsi des autres.

Or la seconde Table sera suiuie de deux autres, tirées d'icelle seconde, pour les differences des sinus & tangentes, des degrez & demy degrez du quadrant; lesquelles seront d'excellent vsage, comme sera monstré cy apres.

CHAPITRE II.

DES AFFECTIONS OV PROPRIETEZ des logarithmes, & construction de leur Table.

AYANT dit cy dessus que la nature des logarithmes consiste en ce que ce sont nombres appliquez à d'autres proportionels, differens entr'eux tousiours de mesme excez ou defaut: il s'ensuit maintenant que nous declarions leurs proprietez, afin que les fondemens de leur fabrique & vsages estans cogneus, l'esprit en reçoiue plus de contentement.

THEOREME I.

S'il y a autant de nombres qu'on voudra également croissans ou décroissans ; leurs differences sont proportionelles à leurs interualles.

Soient en la colomne C premiere de la Tablette cy-dessus, le premier nombre 3, le troisiesme 7, & le huictiesme 17. La difference de 3 à 7 est 4 : de 7 à 17 est 10 : or entre le premier nombre & le troisiesme, sont deux interualles ; & entre le troisiesme & le huictiesme, 5 interualles. Mais comme la difference 4, est à la difference 10 : ainsi 2 interualles à 5 interualles ; sçauoir est de part & d'autre proportion $2\frac{1}{2}$, comme il est proposé.

COROLLAIRE.

Donc en l'ordre des nombres continuement proportionels, estans donnez les logarithmes de deux quelsconques, on trouuera le logarithme du troisiesme quelconque. Car leur interualle sera donné, & l'interualle de l'vn d'iceux au troisiesme : mais outre ce la difference des logarithmes donnez est encore cogneuë. Donc par ce theor. *l'autre difference entre le logarithme donné & le cherché sera trouuée. Comme en la colomne A de la Tablette cy dessus, soient les nombres 1. 2. 4. 8. 16. &c : continuement proportionels ; & soient donnez en la colomne C les logarithmes du second 2 & du quatriesme 8, qui sont 5 & 9, & leur difference 4 ; & qu'on demande le logarithme d'vn autre troisiesme nombre quelconque 64 couché en l'ordre d'iceux proportionels. Puis donc qu'entre les nombres proportionels second 2, & quatriesme 8, ou leurs logarithmes sont deux interualles ; & entre 8 & 64 trois interualles ; s'il est fait par la Regle des proportions comme 2 à 3 ; ainsi 4 difference des logarithmes donnez, à vn autre ; viendront 6, qui* par ce theor. *seront la difference des logarithmes de 8 & 64 : laquelle donc adjoustée à 9 logarithme de 8, sera 15 pour le logarithme demandé du troisiesme nombre 64.*

Tout de mesme si en la premiere Table des logarithmes mise cy apres, sont encor donnez les logarithmes des mesmes nombres ; sçauoir du second 2 & du quatriesme 8, qui sont 03010299 & 09030899, auec leur difference 6020600 ; & qu'on demande le logarithme de l'autre troisiesme nombre quelconque 64. Puis qu'entre les nombres second 2 & quatriesme 8, ou leurs logarithmes sont 2 interualles, & entre 8 & 64, trois interualles : s'il est fait comme 2 à 3 ; ainsi 6020600 difference des logarithmes donnez, à vn autre ; viendront 9030900, qui par ce theor. *seront la difference des logarithmes de 8 & 64, laquelle donc adjoustée à 09030899 logarithme de 8, sera 18061799 pour le logarithme demandé d'iceluy troisiesme nombre 64; & le mesme qui est mis en ladite Table.*

Autant en faut-il dire de la seconde Table, laquelle n'est qu'vne mesme auec la premiere, & seulemẽt continuation d'icelle, comme a esté dit cy dessus.

THEOREME II.

Si en trois nombres donnez la difference du premier au second, est égale à la difference du second au troisiesme; les deux extremes sont égaux au double du milieu.

Soient en la colomne D de la Tablette cy deuant trois logarithmes 36. 28. 20. ausquels se trouue mesme difference du premier au second, que du secõd au troisiesme, à sçauoir 8. La somme des extremes 36 & 20 est 56; égale au double du milieu 28 : & ainsi de tous autres logarithmes. Le theoreme est donc vray.

COROLLAIRE.

Donc d'iceux trois logarithmes estans donnez les deux quelsconques, on trouuera le troisiesme. Car si on cherche l'vn des extremes, ostant l'autre du double du milieu restera le cherché: Et si on demande le milieu, il sera la moitié de la somme des extremes. Donc par ces logarithmes on trouuera aussi lequel qu'on voudra des nombres proportionels, ausquels sont appliquez iceux logarithmes. Et partant estans donnez deux nombres quelsconques on leur trouuera vn troisiesme proportionel par les logarithmes, selon ce theoreme.

THEOREME III.

Si en quatre nombres donnez la difference du premier au second est égale à la difference du troisiesme au quatriesme; la somme des extremes sera égale à la somme des milieux.

Soient en la colomne C de la Tablette cy deuant, 4 nombres ou logarithmes 7. 9. 15. 17; ausquels se trouue mesme difference du premier au second, que du troisiesme au quatriesme, à sçauoir 2. La somme des extremes 7 & 17 est 24; égale à la somme des milieux 9 & 15. Soient 4 autres nombres 3. 7. 11. 15. ausquels se trouue mesme difference du premier au second, que du troisiesme au quatriesme, à sçauoir 4 : la somme des extremes 3 & 15 est 18, egale à la somme des milieux 7 & 11. le theoreme est donc veritable: Car le mesme se verifiera encor aux logarithmes de la premiere & seconde Table cy dessous.

COROLLAIRE.

Donc d'iceux 4 logarithmes estans donnez les trois quelsconques, on trouuera le quatriesme. Car si on cherche l'vn des extremes, qu'on oste l'autre de la somme des milieux; ou si on cherche l'vn des milieux, qu'on oste l'autre de la somme des extremes; & tousiours restera celuy qu'on demande. Donc par ces logarithmes on trouuera aussi lequel qu'on voudra des 4 nombres proportionels ausquels sont appliquez iceux logarithmes. Et partant à trois quelsconques nombres donnez on trouuera vn quatriesme proportionel par les logarithmes, selon ce theoreme.

THEOREME IV.

Estans donnez les logarithmes d'autant de nombres qu'on voudra continuëment proportionels; la difference des extremes logarithmes, diuisée par le nombre des termes moins vn, ou par le nombre des milieux plus vn : donne quotient, lequel adiousté au logarithme extreme du plus petit nombre, fait le logarithme du nombre prochainement plus grand; ou bien osté du logarithme extreme du plus grand nombre, laisse le logarithme du nombre prochainement plus petit.

Soient en la colomne A de la precedente Tablette trois nombres continuëment proportionels 2.4.8 : & en la colomne C leurs logarithmes 5.7.9. La difference des extremes logarithmes 5 & 9 qui est 4, diuisée par 2 nombre des termes moins 1, ou nombre des milieux plus 1; donne quotient 2 : lequel adiousté à 5 fait 7, ou osté de 9 laisse aussi 7. Mais soient quatre nombres 2. 4. 8. 16; & leurs logarithmes 5.7.9.11. La difference des extremes 5 & 11 est 6; laquelle diuisée par trois nombre des termes moins vn, ou des milieux plus vn, donne quotient 2; lequel adjousté à 5 fait 7, ou osté de 11 laisse 9. Soient encor 5 nombres 2. 4. 8. 16. 32. & leurs logarithmes 5. 7. 9. 11. 13. La difference des extremes est 8, laquelle diuisée par 4 nombre des termes moins 1, ou nombre des milieux plus vn, donne quotient 2; lequel adiousté à 5 fait 7; ou osté de 13 laisse 11. Et ainsi des autres : donc le theoreme est vray.

COROLLAIRE.

Par cet excellent theoreme il est aisé de trouuer autant de milieux proportionels qu'on voudra, entre deux quelsconques nombres donnez. Car entre les nombres donnez 4 & 64, dont les logarithmes sont 7 & 15 ; qu'il faille trouuer trois milieux proportionels, qui auec les deux extremes 4 & 64 font 5 termes, la difference entre 7 & 15 est 8 ; laquelle diuisée par 4, nombre des termes moins vn, ou des milieux plus vn ; donne quotient 2 : lequel adjousté trois fois à 7, logarithme du plus petit nombre, fait 9. 11. 13. pour les logarithmes des trois milieux demandez. Or sçachant ces logarithmes, on trouuera vis-à-vis d'eux les trois milieux 8. 16. 32. Et ainsi des autres.

THEOREME V.

Quand le logarithme de l'vnité est 0 : la somme des logarithmes du nombre à multiplier & du multipliant, est égale au logarithme du produict.

Car en toute multiplication, il y a tousiours mesme raison de l'vnité au nombre à multiplier ; que du multipliant au produit : donc aux logarithmes de ces 4. la difference du premier au second, sera égale à la difference du troisiesme au quatriesme, *par la defin. des logarithmes* : & partant la somme des extremes sera égale à la somme des milieux, *par le theor. 3.* Mais 0 est supposé logarithme de l'vnité ; donc la somme des logarithmes du nombre à multiplier & du multipliant, est égale au logarithme du produict.

Soient donc le nombre à multiplier 32, le multipliant 4 ; desquels les logarithmes sõt par la premiere Table cy apres 15051499 & 06020599 ; leur produit sera 128, duquel le logarithme 21072098 est la somme des deux autres. Que si derechef 128 est multiplié par 2, dont le logarithme est 03010299 ; le produit sera 256, dont le logarithme 24082399 est égal par mesme raison aux logarithmes de 128 & 2.

COROLLAIRE.

De là s'ensuit que si le logarithme de quelque nombre est doublé, sera fait le logarithme du quarré d'iceluy nombre : s'il est triplé sera fait le logarithme du cube, &c : Car doubler le logarithme du nombre 4, est mesme chose que d'adjouster le logarithme de 4 au logarithme de 4 ; de laquelle addition prouient selon ce theor. *le logarithme du nombre produit de la multiplication de 4 par 4, c'est à dire du nombre 16 quarré d'iceluy 4. D'où appert que les nombres en raison doublée, triplée, &c : ont leurs logarithmes en raison double, triple, &c.*

THEO-

THEOREME VI.

Quand le logarithme de l'vnité est 0; le logarithme du nombre à diuiser, est égal à la somme des logarithmes du diuiseur & du quotient.

Car en toute diuision il y a tousiours mesme raison de l'vnité au quotient, que du diuiseur au nombre à diuiser: & partant les logarithmes des extremes, serõt égaux aux logarithmes des milieux *par le 2. theor.* Mais parce que le logarithme de l'vnité est 0. Donc la somme des logarithmes du quotient & du diuiseur, sera égale au logarithme du nombre à diuiser. Soit donc 128 à diuiser par 32. Ostez le logarithme du diuiseur 32, qui est 15051499, du logarithme de 128, qui est 21072098; & resteront 06020599 pour logarithme du quotient 4. Et ainsi des autres.

COROLLAIRE.

D'où appert que si le logarithme de quelque nombre est diuisé par 2; on aura pour quotient le logarithme de la racine quarrée d'iceluy nombre: s'il est diuisé par trois, on aura le logarithme de la racine cubique &c: Car vn nombre ayant à vn autre, raison doublée, triplée &c: a aussi son logarithme en raison double, triple &c: au logarithme d'iceluy autre.

Et voila les principales proprietez des logarithmes. Maintenant expliquons la construction des Tables suiuantes.

PROBLEME.

Construire les Tables des logarithmes

Les logarithmes contenus aux deux Tablettes cy deuant, sont nombres appliquez à d'autres nombres proportionels, gardans entre eux mesme difference, comme appert par leur definition & veuë des Tablettes. Mais si entre deux quelsconques d'iceux nombres proportionels, comme entre 4 & 8 de la premiere Tablette estans pris les milieux 5. 6. 7. il falloit trouuer leurs logarithmes, il y auroit de la peine: & c'est en quoy consiste l'art de construire toutes Tables des logarithmes. Pour lequel apprendre, & satisfaire au probleme cy dessus, soient notées les choses suiuantes.

1. Soient supposez comme on voudra les logarithmes de l'vnité, & de quelconque autre nombre. Mais il me plaist de supposer

auec Briggius 0000000 pour logarithme de l'vnité, & 10000000 ou vn autre de plus de cyphres pour logarithme de 10. Donc *par la defin.* le logarithme de 100 sera 20000000, le logarithme de 1000 sera 30000000, &c.

2. Si du nombre 10 (augmenté de plusieurs cyphres pour plus grande precision du calcul) on extrait la racine quarrée; & de ceste racine encor la racine quarrée, & qu'on face ainsi consecutiuement: autant de racines quarrées qu'on aura extrait, seront autant de milieux proportionels en raison doublée entre 1 & 10.

3. Les logarithmes d'icelles racines seront facilement trouuez ainsi. Que 10000000 logarithme de 10 soit diuisé par 2; viendrõt 05000000 pour logarithme de la premiere racine tirée: & si derechef on diuise 05000000 par 2, viendront 02500000 pour logarithme de la seconde racine: & ainsi consecutiuement, comme appert *par le corol. du 6. theor.*

4. Si vn nombre plus petit que 2, mais plus grand que 1, ha au numerateur de sa fraction 15 cyphres à main gauche, deuant les figures significatiues d'iceluy numerateur: Alors la valeur d'icelles figures, est double de la valeur des figures significatiues du numerateur de la racine quarrée d'iceluy nombre. Comme dautant que $1\frac{0000000000000005112765972800}{10000000000000000000000000000}$ racine quarrée cinquante-deuxiesme, tirée consecutiuement de 10, comme est dit cy dessus; plus petite que 2, mais plus grande que 1, ha au numerateur de sa fraction 15 cyphres à main gauche deuant les figures significatiues d'iceluy numerateur: si d'icelle racine on tire encor la racine quarrée $1\frac{000000000000000255638298640}{1000000000000000000000000000}$; il est euident que la valeur des figures significatiues du premier numerateur, est double de la valeur des figures significatiues du dernier numerateur. Et se verra encor le mesme, si de ceste derniere racine on en tire encor vne autre $1\frac{0000000000000001278191493200}{10000000000000000000000000000}$.

5. Les figures significatiues de tels numerateurs ont entre elles mesme raison, que les logarithmes des racines ausquels appartiennent iceux numerateurs. Car soient trouuez les logarithmes des susdites racines 52, 53 & 54me, *par la 3. notation,* qui seront

0000000000000000222044604925
0000000000000000111022302462
0000000000000000555111151231

Il est manifeste que comme icelles figures significatiues des numerateurs sont en raison double; aussi les logarithmes d'icelles racines sont en raison double.

6. Donc si quelconque nombre est donné plus petit que 2, mais plus grand que 1, qui aye au numerateur de sa fraction 15 cyphres, deuant les figures significatiues; & que soit donné le logarithme d'iceluy nombre; ensemble quelqu'autre semblable nombre: on trouuera le logarithme de cestuy-cy par la regle de trois. Dautant que les figures significatiues des numerateurs d'iceux nombres, & les logarithmes des nombres, sont en mesme raison *par la 5 notation.*

Ces choses auancées, soit maintenant 2 nombre quelconque duquel il faille trouuer le logarithme. Premierement entre 1 & 2 soient trouuez tant de milieux proportionels, qu'en fin il en vienne vn plus petit que 2, mais plus grand que 1, qui aye au numerateur de sa fraction 15 cyphres à main gauche, deuant les figures significatiues *par la 2. notation,* Puis soit trouué le logarithme de ce milieu *par la 5. notation.* Tiercement que le logarithme trouué soit continuëment doublé autant de fois qu'on a trouué de moyens proportionels entre 1 & 2: & au dernier doublement on aura 03010299, pour le logarithme cherché du nombre 2. Et tout de mesme trouuera-on le logarithme de tout autre nombre quelconque 3. 4. 5. 6. &c.

Mais les theoremes 5 & 6 de ce chapitre, fourniront vn excellent abregé pour la construction des Tables. Car ayant comme dessus trouué le logarithme de 2; on ha soudain les logarithmes de tous les nombres en raison double commençans à 1. Parce que si 03010299 logarithme de deux est doublé, on aura 06020599 pour logarithme de 4: auquel si on adiouste encor le mesme logarithme de 2; on aura 09030899 pour logarithme de 8; & ainsi consecutiuement. Car comme le nombre 4 multiplié par 2 fait 8; ainsi les logarithmes de 4 & de 2 adjoustez ensemble font le logarithme de 8 *par le theor. 5.* Et ainsi des autres.

Semblablement ayant trouué le logarithme de 3, on ha soudain les logarithmes de tous les nombres en raison triple commençans à 1: & adjoustant ensemble les logarithmes de 2 & de 3, est faict le logarithme de 6; d'où on ha soudain comme dessus les logarithmes de tous les nombres en raison sextuple commençans à 1. Et ainsi des autres.

De plus comme 3 multiplié vne fois par soy-mesme engendre son quarré, & multiplié deux fois engendre son cube: Aussi le logarithme de 3 adiousté à soy-mesme vne fois ou doublé, fait le logarithme du quarré; & adiousté à soy-mesme deux fois, fait le logarithme du cube de 3. Et ainsi des autres.

Et comme le nombre 10 diuisé par 2, donne quotient 5; aussi 03010299 logarithme de 2, osté de 10000000 logarithme de 10, laisse 06989700 logarithme de 5, *par le 6. theor.* D'où sortent aussi promptement les logarithmes de tous les nombres en raison quintuple, commençans à 1. Or la moitié du logarithme de quelque nombre que ce soit, est logarithme de la racine quarrée d'iceluy nombre: la troisiesme partie est logarithme de la racine cubique. Et ainsi en suitte.

De maniere qu'ayant trouué les logarithmes de quelques nombres premiers 3. 5. 7. 11. 13. 17. 19. 23. 29. 31. 37. &c: comme a esté fait cy dessus pour le nombre 2; non toutesfois sans grand trauail (qu'Adrian Vlacq abrege quelque peu) le reste de la Table sera par ce que dessus tres-soudainement construit pour les nombres composez: Et n'est besoin icy d'en dire d'auantage touchant la simple construction des Tables; veu que les quatre Tables mises cy apres, ne sont en effect qu'vne mesme Table, plus ou moins continuée, comme sera veu plus clairement en l'vsage d'icelles.

CHAPITRE III.

DE LA PREMIERE TABLE DES logarithmes, & vsage d'icelle.

CESTE Table contenant les logarithmes des nombres absolus depuis 1 iusques à 1000 est d'vn vsage admirable, tres-facile & tres-fecond: veu que par le moyen d'icelle, sera trouué le logarithme de quelque nombre ou fraction que ce soit: Et au contraire. Or chacune page de la Table contient 4 ordres, & chacun d'iceux deux colomnes; la senestre desquelles est des nombres absolus, & la dextre est des logarithmes correspondans directement à iceux nombres. Mais entre 03010299 & 04771212 logarithmes de 2 & 3; est posée leur difference 1760912. Et ainsi des autres suiuans, comme appert en icelle Table.

PROBLEME I.

Estant donné vn nombre absolu n'excedans 1000; trouuer son logarithme.

Qu'il faille trouuer le logarithme du nombre donné 215. Cherchez 215 en la colomne senestre des ordres; & en la droite du mesme ordre vous trouuerez vis-à-vis 23324384 logarithme d'iceluy nombre. Et ainsi des autres.

Or soit donnée la fraction $\frac{13}{14}$, de laquelle ny le numerateur 13, ny le denominateur 14 excede 1000; on trouuera ainsi son logarithme. Soient pris comme dessus les logarithmes du numerateur & denominateur, & ostant celuy du denominateur, de celuy du numerateur, restera le logarithme de la fraction donnée; mais defectif ou moindre que 0, qui est le logarithme de 1; & partant qu'il faudra marquer de ce signe defectif —. La raison de l'operation est, que ceste fraction $\frac{13}{14}$ est le quotient de 13 diuisé par 14: donc la somme des logarithmes d'iceluy quotient $\frac{13}{14}$ & du diuiseur 14, est égale au logarithme du nombre à diuiser 13, *par le theor. 6.* Parquoy du logarithme de 13 ostant le logarithme de 14, restera le logarithme de $\frac{13}{14}$. Et ainsi des autres.

13 *Log.* 11139433

14 *Log.* 11461280

—00321847 *logar. des données* $\frac{13}{14}$.

Soit en fin donné vn nombre auec fraction, comme $74\frac{2}{5}$. Que tout le nombre soit premierement reduit à l'espece de la fraction proposée, & on aura $\frac{372}{5}$: Puis soient pris comme dessus les logarithmes tant du numerateur que du denominateur (l'vn ny l'autre n'excedant 1000) & le logarithme du denominateur soit osté de celuy du numerateur; & restera le logarithme du nombre donné. Dont la raison est mesme que dessus.

$74\frac{2}{5}$

372 *Log.* 25705429

5 *Log.* 06989700

18715729 *logar. des donnez* $74\frac{2}{5}$.

Autrement. Soit pris le logarithme de 74, qui est 18692317. Et pour la fraction, puis que comme le denominateur est au numerateur; ainsi est 1 à icelle fraction; & que 58295 difference d'entre le logarithme pris & le prochain suiuant en la Table, est logarithme de l'vnité differentielle entre les nombres absolus 74 & 75. Si par la regle de 3 est fait comme 5 à 2; ainsi 58295 à vn autre; viendront 23318, qui adioustez au logarithme cy dessus pris, feront 18715635 pour le logarithme du nombre donné $74\frac{2}{5}$. Et ceste maniere doit estre pratiquée quand le numerateur du nombre reduit excede 1000.

SCHOLIE.

La premiere maniere est exacte quand tant le numerateur que denominateur du nombre reduit, est moindre que 1000 plus grand nombre de la Table: Car en ce cas on trouue dans la Table les logarithmes de l'vn & l'autre exactement. Mais lors que pour vn logarithme ou nombre demandé, il faut prendre la partie proportionelle par les differences des logarithmes posez en la Table; Dautant que les nõbres absolus mis en la Table croissent tousiours également, à sçauoir de 1; mais leurs logarithmes inégalement; & que plus grands sont les logarithmes, plus petites sont leurs differences: A ces causes si pour vn nombre donné, le logarithme du prochainement plus petit est augmenté par la partie proportionelle, comme a esté fait cy dessus; la partie trouuée sera plus petite que de raison: Et au contraire si pour vn logarithme donné on cherche le nombre qui luy conuient, iceluy augmenté par la partie proportionelle, sera plus grand que de raison, quoy qu'insensiblement. Et la mesme incõmodité arriue aux Tables des sinus vulgaires, & en toutes autres où les differences sont égales d'vn costé, & inégales de l'autre. Et parce que dessus est éuident que la partie proportionelle s'esloigne plus du vray au commencement de la Table, ou aux plus petits logarithmes, qu'aux plus grands.

PROBLEME II.

Estant donné vn nombre qui excede 1000, trouuer son logarithme.

Pour la facilité de ce probleme faut sçauoir. Qu'il y a des nombres premiers qui sont mesurez de la seule vnité; comme 1. 3. 5. 7. Et d'autres composez qui sont mesurez par autre nombre que l'vnité: comme 4. 8. 12. Car 4 est mesuré de 1. 2. Et 8 de 1. 2. 4. Et 12 de 1. 2. 3. 4. 6.

Cela posé, soit donné vn nombre composé 3648, fait de la multiplication de 304 par 12, nombres plus petits que 1000. Soient pris leurs logarithmes 10791812 & 24828735, & adioustez ensemble; & ils feront 35620547, logarithme exact du nombre donné 3648. Et ainsi du nombre 661248 fait de 984 par 672, le logarithme sera 58203642. Car vniuersellement comme tant de nombres qu'on voudra multipliez l'vn par l'autre, en produisent vn autre: Ainsi les logarithmes de tous les multipliez estans adioustez ensemble, font le logarithme du produit. Donc regarde au prealable si le nombre donné est composé; c'est à dire s'il est exactement mesuré ou diuisé par quelque autre, ou par plusieurs.

10791812 *logar.* 12
24828735 *log.* 304
Somme 35620547 *log.* 3648.

Or estant donné quelque nombre que ce soit, ou premier ou composé; voicy vne regle generale.

Que le nombre donné soit diuisé par 10. 100. 1000. 10000. &c: en sorte que le quotient soit moindre que 1000, plus grand nombre de la Table: Puis soit trouué le logarithme d'iceluy quotient *par le probl. 1.* Car si on luy adiouste le logarithme du diuiseur, sera fait le logarithme du nombre donné: Mais tant plus grand sera le quotient accompagné de fraction, plus exacte en sera l'operation, *par le 1. probl.*

Comme soit le nombre donné 453507 diuisé par 1000; viendra quotient $453\frac{507}{1000}$, moindre que 1000 plus grand nombre de la Table: le logarithme duquel quotient est 26565837 *par le 1. probl.*; auquel si on adiouste le logarithme du diuiseur 1000, qui est 30000000, ou bien (qui est tout vn) si 3 caracteristique de cestuy-cy, est adioustée à 2 caracteristique de l'autre; on aura 56565837 pour logarithme du nombre donné. Et la raison est, que comme le quotient multiplié par le diuiseur produit le nombre à diuiser; ainsi le logarithme du quotient & du diuiseur adioustez ensemble, font le logarithme du nombre à diuiser.

$\frac{453507}{1000}$ ($453\frac{507}{1000}$ *dont le log.* 26565837
Log. de 1000. 30000000
Somme 56565837 *log. de* 453507.

Soit derechef donné ce nombre 2966820514 en faueur des sinus, tangẽtes & secãtes vulgaires. Qu'il soit diuisé par 10000000, viendra quotient $296\frac{6820514}{10000000}$ moindre que 1000, dont le logarithme est *par le 1. probl.* 24722917; auquel si on adiouste le logarithme du diuiseur 10000000, qui est 70000000; ou que 7 caracteristique de cestuy-cy, soit adioustée à 2 caracteristique de l'autre; on aura 94722917 pour logarithme du nombre donné. Adrian Vlacq auec ses grãdes Tables trouue 947229127322 en ceste sorte. Il prend le logarithme des 5 premieres figures senestres 29668, n'excedans 100000 plus grand nombre d'icelles Tables; lequel logarithme est 44722882703; & sa difference au plus prochainement suiuant est 146383: Puis il fait ceste analogie. Comme 1 auec autant de cyphres, que sont restées de figures dextres, est à iceluy reste; c'est à dire comme 100000 à 20514: ainsi la susdite difference 146383, est à 30029; qui adioustez au logarithme pris, auec aussi la caracteristique du diuiseur 100000 qui est 5; font 94722912732, quasi autant que par l'autre voye, car les deux conuiennent ensemble. Ainsi des autres.

Si finalement est donné vn nombre auec fraction, comme $67345\frac{23}{30}$; que tout le nombre soit reduit à ceste espece de fraction; & on aura $\frac{2020373}{30}$: Puis soient trouuez comme dessus les logarithmes du numerateur & denominateur, & que le logarithme de cestuy-cy soit osté du logarithme de l'autre; & restera le logarithme du nombre donné, *comme au probl. 1.*

PROBLEME III.

Estant donné vn logarithme n'excedant 30000000, plus grand logarithme de la premiere Table; trouuer le nombre qui luy conuient.

Si le logarithme donné se trouue exactement dans la Table, on trouuera vis-à-vis en la colomne des nombres absolus, celuy qui luy conuient exactement. Et ainsi estant donné le logarithme 25211380, son nombre est 332.

Mais si le logarithme donné n'est en la Table comme 25211976; soit pris le prochainement plus petit 25211380, auquel conuient le nombre 332; Puis la difference de ces deux logarithmes soit faite numerateur; & la difference d'iceluy plus petit, au prochainement suiuant en la Table laquelle est 13061, soit faite denominateur

teur de la fraction à adiouster au nombre de 332: & on aura 332 $\frac{596}{23061}$ pour le nombre demandé; dont la raison est donnée *au 1. probl.*

$$\begin{array}{r} 25211976 \quad \textit{log. } 332\tfrac{596}{23061} \\ 25211380 \\ \hline 596 \end{array}$$

Mais parce que nous auons dit *au schol. du 1. probl.* que la partie proportionelle $\frac{596}{23061}$ est plus grande que de raison; on l'aura plus iuste par les grands logarithmes d'Adrian Vlacq, comme s'ensuit. Que la caracteristique du logarithme donné 2, soit augmentée de 2, pour auoir 45211976 logarithme de mesme caracteristique que les plus grands de la Table d'Vlacq; en laquelle soit pris le prochainement plus petit 45211904, auquel conuient le nombre 33204 qu'il faut garder; la difference de ces deux logarithmes est 72; & la difference du dernier au prochainement suiuant dans la Table est 130. Maintenant si nous voulons encor augmenter le nombre cy dessus gardé de 6 figures; soit fait comme 130 à 72, ainsi 1 augmenté de 6 cyphres, c'est à dire 1000000, à 553846: lesquels mis à dextre du nombre gardé 33204, font 33204553846. Mais dautant que la caracteristique du logarithme donné 2, correspond à vn nombre seulement de 3 figures, comme est dit *au premier chap.* Pour ceste cause coupant les 3 figures senestres 332, le nombre conuenant au logarithme donné sera 332 $\frac{0553846}{10000000}$; partie proportionelle plus petite que cy dessus, comme elle doit estre. Et ainsi des autres.

Si en fin le logarithme donné est defectif, c'est à dire au dessous de 0 logarithme de 1; on sçaura la fraction ou portion d'vnité qui luy conuiét en ceste sorte. Soit le logarithme donné —0215634б. Qu'il soit adiousté au logarithme de quelque nombre de la Table qu'on voudra 360, abondant en parties aliquotes, & partant plus propre à cecy pour reduire la fraction à ses plus petits termes, lequel logarithme est 25563025; & on aura 23406679: auquel logarithme correspond quasi le nombre 219; Donc la fraction qui aura pour numerateur 219, & pour denominateur 360, c'est à dire $\frac{219}{360}$, ou $\frac{73}{120}$ sera la conuenante au logarithme donné. Et ainsi des autres, dont la raison est *au Prob. 1.*

2556̣3025 *logar.* 360

—0215 6346

Somme 23406679 *logar.* 219. $\frac{219}{360}$ *fraction conuenante.*

PROBLEME IV.

Estant donné vn logarithme excedant 30000000; trouuer le nombre qui luy conuient.

Du logarithme donné, ostez le logarithme du nombre 10. 100. 1000. &c: en sorte que le reste soit plus petit que 30000000 plus grand logarithme de la Table; ce qui sera tres-aisé par la 2 Tablette cy deuant: Et *par le 3. probl.* soit d'iceluy reste trouué le nombre conuenant, qui estant multiplié par 10. 100. 1000. &c: sçauoir est le nombre duquel le logarithme a esté osté, sera produit le nombre demandé.

Cõme soit à trouuer le nombre du logarithme donné 49618954. Ostez-en le logarithme de 100; resteront 29618954, auquel logarithme conuient dans la premiere Table le nombre 916: lequel multiplié par 100, produit 91600 pour le nombre demandé.

La raison du probleme est, que oster le logarihme de 100 du logarithme donné 49618954; est diuiser le nombre de ce logarithme par 100: Et le reste de la soustraction 29618954, est logarithme de 916 quotient en la diuision, *par le theor. 6.* Or il est certain que si le quotient est multiplié par le diuiseur, sera produit le nombre duquel a esté donné le logarithme: Multipliant donc 916 par 100, seront faits 91600 pour nombre du logarithme donné. Et ainsi des autres.

Qu'il faille encor trouuer le nõbre de ce logarithme 58734670. Ostez-en le logarithme de 1000; & resteront 28734670; auquel logarithme *par le 3. probl.* conuiennent 747$\frac{2464}{5809}$; lequel nombre multiplié par 1000, fait 747424$\frac{984}{5809}$ nombre du logarithme dõné.

Le mesme nombre sera trouué ainsi plus breuement. Que le numerateur de la premiere fraction $\frac{2464}{5809}$ qui est 2464, soit multiplié par 1000, nombre duquel le logarithme a esté osté: & que le produit soit diuisé par le denominateur 5809; puis qu'en fin le quotient 424$\frac{984}{5809}$ soit adiousté apres 747 nombre entier adiacent à icelle premiere fraction; & on aura 747424$\frac{984}{5809}$, comme dessus.

Mais en ceste operation faut noter : que si le denominateur de la susdite fraction ha plus de figures que le numerateur ; alors d'autant de figures que le denominateur excede le numerateur, autant de o faudra mettre deuant le quotient.

Comme soit donné ce logarithme 47781946. Ostez-en le logarithme de 100 ; & resteront 27781946 ; auquel logarithme *par le 3. prob.* conuiennent $600\frac{434}{7232}$. Or le denominateur excede le numerateur d'vne figure ; Et partant multipliant 434 par 100, & diuisant le produit 43400 par 7232, le quotiént sera $06\frac{8}{7232}$, qui posé apres 600, fait $60006\frac{8}{7232}$ pour le nombre demandé.

Derechef du mesme logarithme donné, ostez-en le logarithme de 1000, & resteront 17781946, auquel logarithme *par le 3. probl.* conuiennent $60\frac{434}{71785}$. Or le denominateur excede le numerateur de deux figures ; & partant multipliant 434 par 1000, & diuisant le produit 434000 par 71785, le quotient sera $006\frac{3290}{71785}$, qui posé apres 60, fait $60006\frac{3290}{71785}$ pour le nombre demandé, quasi mesme que le dessus. Toutefois dans les Tables d'Adrian Vlacq le nombre conuenant au logarithme cy dessus donné, est iustemẽt 60006. Par où il appert qu'il est plus iuste d'oster le logarithme de 100, que celuy de 1000, du logarithme donné ; par la raison apportée *au schol. du probl. 1.*

CHAPITRE IV.

DE LA SECONDE TABLE DES logarithmes, & de son vsage.

CESTE Table contient les logarithmes correspondans aux sinus & tangentes de chacun degré & minute du quadrant, de laquelle chacune page est diuisée en deux ordres, l'vn dextre l'autre senestre ; & chacun d'eux en 3 colomnes. La premiere colomne senestre de l'ordre senestre, contient les arcs des degrez & minutes de la premiere moitié du quadrant ; & le degré est mis au front de la page, au milieu des deux ordres ; puis les minutes sont mises en icelle colomne senestre descendantes depuis o. 1. 2. 3. 4. &c : Mais la colomne suiuante contient les logarithmes des sinus vulgaires correspondans à iceux arcs, posez vis-à-vis d'eux.

Finalement la troisiesme colomne contient les logarithmes des tangentes des mesmes arcs. Ainsi en est-il de l'ordre dextre pour les arcs de la derniere moitié du quadrant; les degrez desquels sont mis au bas de la page, au milieu des deux ordres; & les minutes en la premiere colomne dextre, montans depuis 0.1.2.3.4.&c: De sorte que les arcs de l'ordre dextre, sont complemens des arcs posez vis-à-vis en l'ordre senestre : & au contraire.

Or le logarithme du quadrant ou sinus total est posé 100000000, correspondant selon la premiere Table au nombre absolu 10000 000000, qui est supposé sinus total aux Tables tres-exactes de l'œuure Palatin; & ainsi les autres logarithmes aux autres arcs, ou à leurs sinus & tangentes. Car iceux logarithmes se rapportent premierement & par soy à icelles lignes, c'est à dire aux nombres par lesquels elles sont exprimées; & non aux arcs que secondemẽt & par icelles lignes. C'est pourquoy au calcul des triangles, pour trouuer les angles & les arcs, les logarithmes seront substituez à iceux sinus, tangentes & secãtes, & seront appellez de leurs noms. Par exemple le logarithme correspondant au sinus de l'arc ou angle de 4 degr., sera nommé sinus de l'arc ou angle de 4 degr.: Et le logarithme de la tangente de l'arc ou angle de 2 degrez, sera nommé tangente de l'angle ou arc de 2 degrez; & ainsi des autres, bien qu'ils soient autrement nommez par les autres autheurs. Mais les logarithmes de la premiere Table ou de quelques nõbres absolus que ce soient, seront nommez simplement logarithmes d'iceux nombres. Comme le logarithme du nombre 12456 sera nommé logarithme d'iceluy nombre 12456: Et ainsi des autres; laquelle distinction faut remarquer en nos calculs.

PROBLEME I.

Estant donné vn arc ou angle n'excedant 90 degrez, trouuer le sinus ou la tangente d'iceluy arc.

Soit donné l'arc de 36 degr. 26' duquel il faille trouuer le sinus. Cherchez cet arc dans la Table, sçauoir les degrez au front, & les minutes en la colomne senestre des minutes. Et vis-à-vis en la colomne des sinus de l'ordre senestre, vous trouuerez 97735326 pour logarithme d'iceluy arc ou de son sinus, qui par ce qui est dit cy dessus, sera nommé sinus d'iceluy arc.

Que si l'arc donné est accompagné de secondes, comme de 34'', la partie proportionelle sera pour icelles trouuée en ceste sorte. Soit prise la difference entre le sinus de l'arc de 36 degr. 25', & le sinus de l'arc de 36 degr. 26', qu'on trouuera estre 1712. Et parce qu'elle conuient à 1 minute ou 60''; dis par la regle de trois. Si 60'' valent 1712; combien vaudront 34''? viendront 970 pour partie proportionelle; laquelle adioustée au susdit sinus 97735326, fera 97736229 pour le iuste sinus d'iceux 34 degr. 25' 34''.

Or il arriuera souuent occasion d'vser de cet abregé. Puis que la susdite difference 1712 conuient à 60'', dont sa moitié conuient à 30'', son tiers à 20'', son quart à 15'', son cinquiesme à 12''; & ainsi consecutiuement: donc par ces parties aliquotes de 60, on pourra soudainement extraire la partie proportionelle demandée. Comme pour les 34'' cy dessus, soit de la susdite difference 1712 prise la moitié pour 30'', & le quinziesme pour 4'', & on aura 856 & 114, qui adioustez au susdit sinus 97735326, font 97736296, comme dessus.

Sin. 36 degr. 26'	97737038	
Sin. 36 degr. 25'	97735326	
Difference	1712	
$\frac{1}{2}$	856	*pour 30''.*
$\frac{1}{15}$	114	*pour 4''.*
Somme	97732696.	*Sinus de 36 degr. 25' 34''.*

Et tout de mesme se trouue la tangente du mesme arc ou angle, par la colomne des tangentes.

SCHOLIE.

Que si l'arc donné duquel on cherche le sinus excede 90 degrez, au lieu d'iceluy faut operer auec son complement au demy cercle. Car l'arc plus grand que le quadrant & son complement au demy cercle, ont vn mesme sinus par le schol. du theor. 1. du liu. 2.

Et si en fin l'arc donné est moindre que 1 minute, on commence la seconde Table des logarithmes, & dont le sinus en nombre absolu est 2909, posant le sinus total 10000000; Alors quelle partie de 1 minute sera l'arc donné, telle partie soit prise d'iceluy sinus 2909; & de ceste partie soit pris le logarithme par le probl. 1. ou 2. du chap. 2. *qui sera le logarithme de l'arc donné. Car les logarithmes des arcs sont logarithmes des sinus absolus d'iceux arcs; Or comme l'arc plus petit que 1 minute, est à l'arc de 1 minute; ainsi dans les Tables de Pitiscus & des autres, sont entr'eux les sinus absolus d'iceux arcs.*

PROBLEME II.

Estant donné quelconque sinus ou tangente, trouuer l'arc ou l'angle qui luy conuient.

Soit donné ce sinus 9773526, duquel il faut trouuer l'arc ou l'angle. Cherchez iceluy sinus en la colomne des sinus; & vis-à-vis trouuerez 25' auec 36 degr. au front, pour l'arc d'iceluy sinus.

Que si estoit proposé ce sinus 97736296 qui n'est pas dans la Table; on trouuera son arc ainsi. Soit prise la difference entre les deux sinus de la Table, l'vn prochainement plus grand, & l'autre prochainement plus petit que le sinus donné, qui sont 97737038 & 97735316, desquels la difference 1712 conuient à 60''. Puis soit aussi prise la difference du sinus donné au prochainement plus petit, laquelle est 970: Et en fin soit fait par la regle de trois comme 1712 à 60''; ainsi 970 à vn autre; & viendront 34'' pour adiouster à l'arc du sinus prochainement plus petit, qui est 36 degr. 25'. Et on aura 36 degr 25' 34'' pour le iuste arc du sinus donné.

Sin. de 36 degr. 26'	97737038
Sin. de 36 degr. 25'	97735326
Difference	1712 *conuenante à 60''.*
Sinus donné	97736296
Sinus 36 degr. 25'	97735326
Difference	970
	60''
	58200 *diuisez par 1712 font 34''.*

SCHOLIE.

Et dautant que les sinus de ceste Table n'excedent 8 figures, si le sinus donné en contenoit plus de 8, comme cestuy-cy 9534756729: Regarde auquel des sinus de la Table il conuient le mieux en figures senestres; & tu trouueras qu'il conuient le mieux au sinus de 18 degr. & 54 ou 55': Ostant donc du sinus donné les 8 premieres figures senestres, tu auras le sinus de 8 figures 95347567, auquel tu trouueras comme dessus l'arc conuenant 18 degrez 54' 37''.

PROBLEME III.

Estant donné vn arc, trouuer sa secante: Et au contraire.

Nous appellons icy secante, le logarithme de la ligne droicte appliquée au cercle nommée secante: Et Adrian Vlacq a mis ces logarithmes en sa Table: mais nous les obmettons ensemble les sinus verses comme non necessaires à nostre calcul, qui se fait seulement par les sinus & tangentes. Si neantmoins quelqu'vn desire les logarithmes des secantes & sinus verses; il les trouuera ainsi.

Du double du sinus total soit osté le sinus du complement de l'arc donné, & restera la secante d'iceluy arc.

Comme soit donné l'arc de 38 degr. 30', le sinus de son complement est 98935443, qui osté du double du sinus total, sçauoir de 200000000; restent 101064557 pour secante dudit arc. Et la raison est parce que selon *le theor. 8. du liu. 1.* le sinus total est milieu proportionel, entre le sinus de l'arc & la secante de son complement: donc *par le corol. du theor. 2. du chap. 2.* ostant vn extreme du double du milieu, reste l'autre extreme.

200000000 *double du sinus total*
98935443 *sin. de 51 degr. 30'.*
101064557 *secante de 38 degr. 30'.*

Au contraire estant donnée la secante 101064557 on trouuera son arc. Car soit d'icelle secante osté le double du sinus total; & restera le sinus du complement d'icelle secante, lequel complement est 51 degr. 30'. Donc l'arc de la secante est 38 degr. 30', comme dessus.

PROBLEME IV.

Estant donné vn arc, trouuer son sinus verse: & au contraire.

Soit donné l'arc de 28 degr. 24', duquel il faut trouuer le sinus verse. Dautant que *par le theor. 4. du 1. liu.* le sinus d'vn arc au quadrãt, est milieu proportionel entre le demy rayon, & le sinus verse de l'arc double du premier arc; & partant comme est la moitié du Rayon au sinus du demy arc; ainsi est iceluy sinus, au sinus verse du mesme arc. Donc par les logarithmes, du double du sinus du demy arc donné, soit osté le demy sinus total; & restera le sinus verse de l'arc donné *par le corol. du theor. 3. du chap. 1.* Or le demy sinus total en logarithme, est iceluy sinus total multiplié par ½ *selon le probl. 1. du chap. 6.*

L'arc donné 28 degr. 24'.			
Sa moitié 14 degr. 12'. dont le logar.			93897106
Sinus total	100000000.	*Son double*	187794212
Logar. ½	— 03010299.	*Demy sin. total*	96989701
Demy sin. total	96989701	*Sinus verse*	90804511

Au contraire estant donné le sinus verse 90804511, on trouuera son arc ainsi. Soit audit sinus verse adiousté le demy sinus total ; & la moitié de la somme sera le sinus du demy arc demandé.

Sinus verse donné	90804511
Demy sinus total	96989701
Somme	187794212
La moitié	93897106, *dont l'arc est 14 degr. 12'.*
	Le double & arc demandé 28. degr. 24'.

Aduertissement important.

NOVS auōs dit cy dessus que le logarithme du sinus total estoit 100000000 conuenant au rayon ou demy diametre de 10000000000 parties. Mais il arriue souuent qu'il faudra calculer les arcs angles ou lignes droites d'un cercle, duquel le demy diametre sera posé de plus ou moins de parties: Ou bien ne sera posé nombre aucun de ceux de la seconde Tablette cy deuant, ains autre comme 400000, ou 124567 ; Ou bien qu'il faudra trouuer quelque ligne ou sinus plus grand que le total.

Si donc le sinus total n'est posé en nombre par exemple que de 100000 parties, dont le logarithme en la 2 Tablette n'ha que 4 pour caracteristique ; & partant moindre de 6 que la caracteristique du logarithme conuenant au sinus total de ceste seconde Table cy : Alors la caracteristique de tous les logarithmes pris dans icelle pour le calcul proposé, doit estre diminuée de 6, dont la raison est contenuë au premier chapitre. Et si au contraire le sinus total est posé de plus de 10000000000 parties, comme de 1000000000000 : D'autant de cyphres qu'il sera accreu, d'autant d'unitez faut accroistre la caracteristique des logarithmes de ceste Table.

Et finalement si le sinus total n'est posé aucun des nombres de la 2 Tablette: faut

faut calculer selon le sinus total de ceste Table. Puis si c'est quelque ligne droite qu'on cherche, estant premierement trouuée selon le sinus total de ceste Table, faudra la reduire par la Regle de trois; Disant si le sinus total de ceste seconde Table, me donne tant de nombres dans la premiere Table pour la ligne cherchée; que me donnera l'autre sinus total posé? & viendra la valeur de la ligne cherchée, en parties du sinus total posé.

La mesme reduction se doit pratiquer lors qu'il faut trouuer quelque ligne du cercle, plus grande que le demy diametre, ainsi qu'auons fait en la Theorie des Planettes, enseignans à trouuer la distance du Soleil aux Planettes, en mesmes parties qu'est posé le demy-diametre du grand orbe; pour trouuer ou sa paralaxe, ou l'angle d'esloignement du planetre. Et ainsi ceste Table seruira à toutes occurrences; comme la premiere.

CHAPITRE V.

DES DEVX DERNIERES TABLES des logarithmes, & de leur vsage.

CEs deux Tables contiennent les differences; la premiere des sinus, & la seconde des tangentes de chacun degré & demy degré du quadrant. D'où appert qu'elles sont extraites de la seconde Table dont auons parlé au chapitre 4. c'est à dire des sinus & tangentes des arcs du quadrant en ceste maniere.

La premiere de ces Tables hà 3 colomnes; en la senestre desquelles son posez chacun des degrez du quadrant, marquez de figures arithmetiques, mais entremeslez de poincts pour les demy-degrez ou 30'. De sorte que le premier poinct de ceste colomne tient lieu de 30'; le second de 1 degr. 30'; le troisiesme de 2 degr. 30'. & ainsi de suite. En la colomne du milieu sont posez les differences des sinus des demy degrez: & le premier nõbre 794 08418, est sinus de 30': mais le second 3010135, est la difference du sinus de 30', au sinus de 1 degré: le troisiesme 1760637, est la difference du sinus de 1 degré, au sinus de 1 degr. 30': & ainsi de suitte. Finalement en la colomne dextre sont posez les differences des sinus des degrez entiers. De sorte que le premier nombre 82418553, est sinus de 1 degré; mais le second 3009638, est la difference du sinus de 1 degré, au sinus de 2 degrez; le troisiesme 1759810, est la difference du sinus de 2 degrez, au sinus de 3 degrez : & ainsi consecutiuement. Et le mesme se doit entendre de la derniere Table pour les differences des tangéntes. Et par consequēt puis que croissans les arcs, leurs sinus & tangentes croissent, mais les differences des sinus & tangentes décroissent, comme a esté insinué *au schol. du probl. 1. du chap. 1.* Il appert qu'en la premiere Table chacune difference est la difference du sinus de l'arc posé vis-à-vis, au sinus de l'arc prochainement plus petit; laquelle on ha ostant le sinus du plus petit arc, du sinus du plus grand par la seconde Table du chap. 4. Mais en la derniere Table en laquelle sont les arcs ascendans & descendans, la difference 189841 trouuée en la troisiesme colomne, est la difference d'entre les tangentes des degrez 27 & 26 à senestre, & 64, 63 à dextre : & la difference 95545 en la seconde colomne, est la difference d'entre les tangentes des degrez 26½ & 26 à senestre, & 64, 63½ à dextre : & ainsi des autres.

Or l'vsage de ces Tables est tres-grand & abregeant, principalement pour construire les Tables astronomiques, en la construction desquelles se trouuent deux termes tousiours mesmes & immuables en la Regle de trois, & le troisiesme se change par degrez ou demy degrez, comme s'ensuit.

Qu'il faille construire la Table de declinaison des degrez de l'Ecliptique, posant sa plus grande declinaison ou obliquité de 23 degrez 31', selon Keppler. En ceste construction sont deux termes immuables: Car pour la declinaison du premier degré de Aries il sera *par le theor. 1. du 3. liu.* Comme le sinus total ou du quadrant de l'Ecliptique, au sinus de 23 degr. 31' : Ainsi le sinus de 1 degré à vn autre. Et pour la declinaison du second degré d'Aries; il sera aussi : comme le sinus total, au sinus de 23 degr. 31'; ainsi le sinus de 2 degr. à vn autre : Et ainsi de suitte. Donc le sinus total, & le sinus de 23 degr. 31' demeurent tousiours immuables par toute la construction. Et par consequent icelle Table sera construite tres-facilement & vistement en ceste maniere.

Soit premierement fait comme le sinus total au sinus de 23 degr. 31' : ainsi le sinus de 1 degré à vn autre; à sçauoir adioustant 8241 8553 sinus de 1 degré posé au commencement de la Table, auec 96009901 sinus de 23 degr. 31', en vne somme 178428434; de laquelle ostant 100000000 sinus total; resteront 78428434, pour sinus de la declinaison de 1 degré; auquel sinus conuiennent par la seconde Table 24' pour icelle declinaison du premier degré d'Aries. Et tout de mesme si on faisoit cõme le sinus total, au sinus de 23 degr. 31': ainsi le sinus de 2 degrez à vn autre; on auroit 48' pour la declinaison du second degré: Et ainsi de suitte. Mais au lieu de la Regle de trois reïterée tant de fois; Au sinus de la declinaison de 1 degré cy dessus trouué 78428434, soit adioustée la difference du sinus de 1 degré, au sinus de 2 degrez, laquelle en la colomne dextre de la premiere Table est 3009638; & on aura 81438072, pour sinus de la declinaison de 2 degrez. Auquel derechef soit adioustée la difference du sinus de 2 degrez au sinus de 3 degrez, qui est 1759810, & on aura 83197882 pour sinus de la declinaison de 3 degrez: Et ainsi consecutiuement iusques au 90 degré ou principe de Cancer, qui est la plus grande declinaison de l'Ecliptique; décroissante de là en mesme proportion iusques au commencement de la Balance. Tout de mesme seroit construite la mesme Table pour la declinaison de chacun demy degré, par les differences de leurs sinus mis en la colomne du milieu. Donc l'vsage tres-facile de ceste premiere Table est euident; auquel l'vsage de la derniere par les differences des tangentes est totalement semblable.

CHAPITRE VI.

CONTENANT LES VVLGAIRES problemes du calcul.

PROBLEME I.

Estans donnez deux nombres; trouuer le produit de l'vn par l'autre.

REGLE. Soient trouuez les logarithmes tant du nombre à multiplier, que du multipliant, *par le probl. 1. ou 2. du chap. 3.* & adioustez ensemble: Car la somme est logarithme du produit cherché, *par le theor. 5. du chap. 2.*

1. Soit donc le nombre 240 à multiplier par 123.

Log. de 240. 23802112
Log. de 123. 20899051

Somme 44701163 : *à laquelle conuiennent 29529 pour le produit demandé. Et ainsi des autres.*

2. Soit le mesme nombre 240 à multiplier par $\frac{23}{24}$.
Log. de 240. 23802112
Log. de $\frac{23}{24}$ —00321847

Somme 23480265 : *à laquelle conuiennent* $222\frac{16736}{19518}$. *Et ainsi des autres.*

3. Soient en fin $\frac{2}{3}$ à multiplier par $\frac{3}{4}$.
Log. de $\frac{2}{3}$ —01760913
Log. de $\frac{3}{4}$ —01249387

Somme —03010300 : *à laquelle conuiennent* $\frac{80}{160}$, *ou* $\frac{1}{2}$ *pour le produit demandé. Et ainsi des autres.*

PROBLEME II.

Estans donnez deux nombres trouuer le quotient de l'vn diuisé par l'autre.

REGLE. Que le logarithme du diuiseur soit osté du logarithme du nombre à diuiser ; & restera le logarithme du quotient, *par le theor. 6. du chap. 2.*

1. Soit donc le nombre 29520 à diuiser par 123.
Log. de 29520. 44701163
Log. de 123. 20899051

Reste 23802112 : *auquel conuiennent 240 pour le quotient demandé. Et ainsi des autres.*

2. Soit le nombre $222\frac{16736}{19518}$ à diuiser par 240.
Log. de $222\frac{16736}{19518}$ 23480265
Log. de 240 23802112

Reste —0321847 : *auquel conuiennent* $\frac{23}{24}$ *pour le quotient demandé.*

3. Soit en fin $\frac{1}{2}$ à diuiser par $\frac{3}{4}$.
Log. de $\frac{1}{2}$ —03010300
Log. de $\frac{3}{4}$ —01249387

Reste —01760913: *auquel conuiennent* $\frac{2}{3}$ *pour le quotient demandé. Et ainsi de tous autres.*

PROBLEME III.

Trouuer le quarré d'vn nombre donné.

REGLE. Que le logarithme du nombre donné soit doublé ou multiplié par 2: Et on aura le logarithme du quarré demandé, *par le corol. du theor. 5. du chap. 2.*

1. Soit donc à trouuer le quarré du nombre 342.

Log. de 342. 25340261

Son double. 50680522: *auquel conuiennent 116964 pour quarré du nombre donné.*

2. Soit à trouuer le quarré de $\frac{2}{3}$.

Log. de $\frac{2}{3}$ —01760913

Son double —03521826: *auquel conuiennent* $\frac{4}{9}$ *pour le quarré demandé. Et ainsi des autres.*

SCHOLIE.

Par semblable raison sera trouué le cube d'vn nombre donné, si son logarithme est triplé: sera trouué le quarré du quarré, si le logarithme est quatruplé; & ainsi de suitte pour les autres puissances, par le mesme corol. du theor. 5. du chap. 2.

PROBLEME IV.

Trouuer la racine quarrée d'vn nombre donné.

REGLE. Soit prise la moitié du logarithme du nombre donné; & on aura le logarithme de la racine cherchée, *par le corol. du theor. 6. du chap. 2.*

1. Soit donc à trouuer la racine quarrée du nombre 116964.

Log. de 116964. 50680522

Sa moitié 25340261: *à laquelle conuiennent 342 pour la racine demandée.*

2. Soit à trouuer la racine quarrée de $\frac{4}{9}$.

Log. de $\frac{4}{9}$ —03521826

Sa moitié —01760913: *à laquelle conuiennent* $\frac{2}{3}$ *pour la racine cherchée.*

3. Soit à trouuer la racine quarrée de 284 qui n'est pas nombre quarré.

Log. de 284	24533183
Sa moitié	12266591 : *à laquelle conuiennent quasi* $16\frac{135310}{265289}$

pour racine demandée.

SCHOLIE.

Par semblable raison sera trouuée la racine cubique d'vn nombre donné si son logarithme est diuisé par 3. On trouuera la racine quarrée de quarrée, si le logarithme est diuisé par 4. Et ainsi de suitte, pour les racines des autres puissances, par le mesme corol. du theor. 6. du chap. 2.

PROBLEME V.

A deux nombres donnez, trouuer le troisiesme proportionel.

REGLE. Soit doublé le logarithme du second; & de là osté le logarithme du premier; & reste le logarithme du troisiesme demandé, *par le corol. du theor. 2. du chap. 1.*

Soient donc donnez 16 nombre premier & 32 second, ausquels il faut trouuer vn troisiesme proportionel.

Log. de 32	15051499
Son double.	30102998
Log. de 16	12041199 *à oster.*
Reste	18061799 : *auquel conuiennent 64 pour le trois-*

iesme demandé.

PROBLEME VI.

A trois nombres donnez, trouuer le quatriesme proportionel.

REGLE. Soient adioustez les logarithmes du second & troisiesme nombre: & de la somme soit osté le logarithme du premier; & restera le logarithme du quatriesme demandé, *par le corol. du theor. 3. du chap. 1.*

Soient donnez les trois nombres 24. 60. 120. ausquels il faut trouuer vn quatriesme proportionel.

Log. de 120	20791812
Log. de 60	17781512
Somme	38573324
Log. de 24	13802112 *à oster.*
Reste	24771212 : *auquel conuiennent 300 pour le qua-*

triesme demandé.

SCHOLIE IMPORTANT.

S'il arriue par fois que le logarithme du premier nombre soit égal à la somme des logarithmes du second & troisiesme, en sorte que la soustraction faite ne reste rien, ou seulement 0. Le quatriesme nombre cherché sera 1, de qui le logarithme est 0. Mais si le logarithme du premier ne peut estre osté de la somme des logarithmes du second & troisiesme pour estre plus petite; le quatriesme cherché sera fraction moindre que 1, & son logarithme plus petit que 0: Donc alors soit au contraire ostée icelle somme du logarithme du premier nombre; & le reste marqué de ce signe defectif — sera logarithme defectif ou moindre que 0, d'iceluy quatriesme demandé, auquel logarithme sera trouuée fraction conuenante par le probl. 3. du chap. 3.

Comme au premier cas soient donnez ces trois nombres 40. 20. 2. ausquels faut trouuer vn quatriesme proportionel.

Log. de 2	03010299	
Log. de 20	13010299	
Somme	16020598	
Log. de 40	16020598	*à oster.*
Reste	00000000:	*auquel conuient 1.*

Pour le second cas. Soit le triangle ABC rectangle en B, duquel l'angle A est 40' 45", & le costé AB 64⅞ parties dont BD est 1: Et on demande le costé BC, lequel euidemment est plus petit que BD. On trouuera BC par le corol. 2. du theor. 4. du liu. 2. *s'il est fait.*

Comme le sin. total à AB
Ainsi la tang. de A à BC. 
Et partant suiuant le probleme cy dessus

Tang. de A	80738493	
Log. de AB	18073095	
Somme	98811588	
Sinus total	100000000	*à oster.*

Reste —01188412: *auquel* par le probl. 3. du chap. 3. *conuiennent quasi* $\frac{761}{1000}$ *de l'vnité BD.*

A B C D

Que si on conçoit BD diuisée en 60 parties ; multipliant tant AB que BC par 60, on aura 3850 parties sexagenaires pour AB, & $45\frac{660}{1050}$ pour BC. Et ainsi de tous les autres cas où la soustraction ne se peut faire.

PROBLEME VII.

A trois nombres donnez, trouuer le quatriesme proportionel en raison inuerse.

REGLE. Que les logarithmes du premier & second nombre soient adioustez ; & de la somme osté le logarithme du troisiesme : Et restera le logarithme du quatriesme.

Comme. Que 400 hommes puissent viure 120 iours des prouisions reseruées dans vn fort ; on demande combien de iours en pourront viure 600 hommes ?

Log. de 400	26020599	
Log. de 120	20791812	
Somme	46812411	
Log. de 600	27781512	*à oster.*

Reste 19030899 : *auquel conuiennent 80 iours pour quatriesme proportionel cherché : Car*

Comme sont 600 — à 400

Ainsi 120 — à 80

D'où appert que de ces 4 nombres estans donnez les trois quelsconques on peut aussi trouuer le quatriesme par raison directe, *selon le schol. de la def. 24.* Et seulement apres la proposition du probleme, faut prendre garde si le quatriesme demandé doit estre plus petit que le donné de mesme nom ou espece : Car en ce cas le plus grand des deux autres tiendra le premier lieu de la regle de 3, & le plus petit le second : s'il doit estre plus grand, lors le plus petit des deux autres tiendra le premier lieu de la reigle de trois, & le plus grand le second ; comme se void en l'ordre d'iceux nombres rangez cy dessus.

PRO-

PROBLEME VIII.

A trois nombres donnez, trouuer le quatriesme proportionel en raison doublee.

REGLE. Soit prise la difference des logarithmes des deux nombres donnez de mesme nom ou espece : Car icelle doublée ; & adioustée, ou ostée au logarithme du troisiesme, selon que celuy des deux autres qui luy correspond, sera plus petit ou plus grand que l'autre : fait ou delaisse le logarithme du quatriesme demandé.

Comme. Soient en mesme champ deux superficies quarrées, l'vne desquelles contient 20 pas, l'autre 36 ; & la plus petite est venduë 150 escus ; on demande le prix de l'autre ?

Log. de 36	15563025
Log. de 20	13010299
Difference	2552726
Son double	5105452
Log. de 150	21760912

Somme 26866364 : *à laquelle conuiennent 486 pour le quatriesme demandé.*

Que si le prix de la plus grande superficie estoit donné ; du logarithme d'iceluy soit osté le double cy dessus, & restera le logarithme du prix de la plus petite, comme il appert.

SCHOLIE I.

Le fondement de ce probleme est que la raison des superficies, est doublée de la raison des costez par la prop. 20. du 6. Elem. *Or icelle est le quotient d'vn costé diuisé par l'autre : Et partant si du logarithme de 36 est osté le logarithme de 20 ; restera le logarithme de la raison de 36 à 20,* par le theor. 6. du chap. 2. *Or le double de ce logarithme est logarithme d'icelle raison doublée ou quarrée : Et parce que les superficies sont entr'elles en icelle raison doublée, si le prix 150 est multiplié par icelle raison doublée ; c'est à dire si le logarithme d'icelle est adjousté au logarithme de 150, viendra le logarithme du prix demandé 486.*

O

SCHOLIE II.

Or si au contraire estoient donnez les deux prix 150 & 486 auec vn costé, & qu'on demandast l'autre costé. Alors estans trouuez les logarithmes des prix, la moitié de leur difference adjoustée ou ostée au logarithme du costé donné, selon que le prix luy correspondant sera plus petit ou plus grand, fait ou delaissè le logarithme de l'autre costé demandé; comme il se void encor au calcul cy dessus.

PROBLEME IX.

A trois nombres donnez, trouuer vn quatriesme proportionel en raison triplée.

REGLE. Soit prise la difference des logarithmes des deux nombres de mesme nom ou espece: Car icelle triplée, & adioustée ou ostée au logarithme du troisiesme, selon que celuy des deux autres qui luy correspond, sera plus petit ou plus grand que l'autre, fait ou delaisse le logarithme du quatriesme demandé.

Comme. Soient deux vases spheriquement concaues, de l'vn desquels le diametre du concaue est 24 pieds, & de l'autre 60: & le premier contient 200 mesures d'eau; on demande combien contiendra le second?

Log. de 60	17781512
Log. de 24	13802112
Difference	03979400
Son triple	11938200
Log. de 200	23010299
Somme	34948499: *à laquelle conuiennent* $3125\frac{11}{11597}$ *par*

la premiere Table: Mais par celle d'Adrian Vlacq iustement 3125 pour le quatriesme demandé.

PROBLEME X.

Entre quelsconques deux nombres donnez, trouuer tant de milieux proportionels qu'on voudra.

REGLE. Que la difference des logarithmes des extremes donnez, ſoit diuiſée par le nombre des milieux ou termes donnez plus 1; & que le quotient ſoit adjouſté au logarithme du plus petit extreme; & ſera fait le logarithme du terme prochainement plus grand: Auquel ſi on adjouſte la ſuſdite difference autant de fois qu'il reſte de termes à trouuer, ſeront faits les logarithmes de chacun d'eux, *par le corol. du theor. 4. du chap. 2.* Auſquels les nombres conuenans ſeront puis apres trouuez.

1. Qu'entre les nombres donnez 8 & 512, il faille trouuer vn milieu proportionel.

Log. de 512	27029699
Log. de 8	09030899
Difference	18061800, *diuisée par 2, donne*
Quotient	030900
Somme	18061799: *à laquelle conuiennent 64 pour le milieu demandé: qui fuſt auſsi venu oſtant le quotient, du logarithme du plus grand terme 512.*

2. Qu'il faille encor trouuer vn milieu proportionel entre 1 & 256.

Log. de 256	24082399
Log. de 1	00000000
Difference	24082399, *diuisée par 2, donne*
Quotient	12041199
Somme	12041199: *à laquelle conuiennent 16 pour le milieu demandé.*

3. Qu'il faille trouuer deux milieux proportionels entre 8 & 4096.

Log. de 4096	36123599
Log. de 8	09030899
Difference	27092700, *diuisée par 3, donne*
Quotient	9030900
Premiere ſomme	18061799 *log. de 64.*
Seconde ſomme	27092699 *log. de 512.*

4. Qu'il faille trouuer trois milieux proportionels entre 1 & 4096.

Log. de 4096	36123599
Log. de 1	00000000
Difference	36123599, *diuisée par 4, donne*
Quotient	9030899
Premiere ſomme	09030899 *log. de 8.*
Seconde ſomme	18061798 *log. de 64.*
Troiſieſme ſomme	27092697 *log. de 512.*

Et ainſi conſecutiuement pour tant de milieux qu'on voudra trouuer. Mais c'eſt aſſez parlé de l'vſage des logarithmes pour le preſent.

S'ENSVIT la premiere Table, contenant les logarithmes des nombres abſolus, depuis 1 iuſques à 1000.

N.	Logarith.	N.	Logarith.	N.	Logarith.	N.	Logarith.
1	00000000	31	14913616 137882	61	17853298 70618	91	19590413 47464
2	03010299 1760912	32	15051499 133639	62	17923916 69488	92	19637878 46951
3	04771212 1249387	33	15185139 129649	63	17993405 68394	93	19684829 46449
4	06020599 969100	34	15314789 125891	64	18061799 67335	94	19731278 45957
5	06989700 791812	35	15440680 122344	65	18129133 66305	95	19777236 45476
6	07781512 669467	36	15563025 118992	66	18195439 65308	96	19822712 45005
7	08450980 579919	37	15682017 115818	67	18260748 64341	97	19867717 44543
8	09030899 511525	38	15797835 112810	68	18325089 63401	98	19912260 44091
9	09542425 457574	39	15910646 109953	69	18388490 62489	99	19956351 43648
10	10000000 413926	40	16020599 107238	70	18450980 61603	100	20000000 43213
11	10413926 377885	41	16127838 104654	71	18512583 60741	101	20043213 42787
12	10791812 347621	42	16232492 102191	72	18573324 59903	102	20086001 42370
13	11139433 321846	43	16334684 99842	73	18633228 59088	103	20128372 41961
14	11461280 299632	44	16434526 97598	74	18692317 58295	104	20170333 41559
15	11760912 280287	45	16532125 95453	75	18750612 57523	105	20211892 41165
16	12041199 263289	46	16627578 93400	76	18808135 56771	106	20253058 40779
17	12304489 248236	47	16720978 91433	77	18864907 56038	107	20293837 40399
18	12552725 234810	48	16812412 89548	78	18920946 55324	108	20334237 40027
19	12787536 222763	49	16901960 87739	79	18976270 54628	109	20374264 39661
20	13010299 211892	50	16989700 86001	80	19030899 53950	110	20413926 39302
21	13222192 202033	51	17075701 84331	81	19084850 53288	111	20453229 38950
22	13424226 193051	52	17160033 82725	82	19138138 52642	112	20492180 38604
23	13617278 184834	53	17242758 81178	83	19190780 52011	113	20530784 38264
24	13802112 177287	54	17323937 79689	84	19242792 51396	114	20569048 37929
25	13979400 170333	55	17403626 78253	85	19294189 50795	115	20606978 37601
26	14149733 163904	56	17481880 76868	86	19344984 50208	116	20644579 37278
27	14313637 157943	57	17558748 75531	87	19395192 49634	117	20681858 36961
28	14471580 152399	58	17634279 74240	88	19444826 49073	118	20718820 36649
29	14623979 147232	59	17708520 72992	89	19493900 48525	119	20755469 36342
30	14771212 142404	60	17781512 71785	90	19542425 47988	120	20791812 36041

N.	Logarith.	N.	Logarith.	N.	Logarith.	N.	Logarith.
121	20827853 35744	151	21789769 28666	181	22576785 23928	211	23242824 20534
122	20863598 35452	152	21818435 28478	182	22600713 23797	212	23263358 20437
123	20899051 35165	153	21846914 28292	183	22624510 23667	213	23283796 20341
124	20934216 34882	154	21875207 28109	184	22648178 23539	214	23304137 20246
125	20969100 34605	155	21903316 27929	185	22671717 23412	215	23324384 20152
126	21003705 34331	156	21931245 27750	186	22695129 23286	216	23344537 20059
127	21038037 34052	157	21958996 27574	187	22718416 23162	217	23364597 19967
128	21072099 33797	158	21986570 27400	188	22741578 23039	218	23384564 19876
129	21105897 33536	159	22013971 27228	189	22764618 22917	219	23404441 19785
130	21139433 33279	160	22041199 27058	190	22787536 22797	220	23424226 19695
131	21172712 33026	161	22068258 26891	191	22810333 22678	221	23443922 19607
132	21205739 32777	162	22095150 26725	192	22833012 22560	222	23463529 19518
133	21238516 32531	163	22121876 26562	193	22855573 22444	223	23483048 19431
134	21271047 32289	164	22148438 26400	194	22878017 22328	224	23502480 19344
135	21303337 32051	165	22174639 26241	195	22900346 22214	225	23521825 19259
136	21335389 31816	166	22201080 26081	196	22922560 22101	226	23541084 19174
137	21367205 31585	167	22227164 25928	197	22944662 21989	227	23560258 19089
138	21398790 31357	168	22253092 25774	198	22966651 21878	228	23579348 19006
139	21430148 31132	169	22278867 25622	199	22988530 21769	229	23598354 18923
140	21461280 30910	170	22304489 25471	200	23010299 21660	230	23617278 18841
141	21492191 30692	171	22329961 25323	201	23031960 21553	231	23636119 18760
142	21522883 3[illegible]76	172	22355284 25176	202	23053513 21446	232	23654879 18679
143	21553[illegible] 30264	173	22380461 25031	203	23074960 21341	233	23673559 18599
144	21583624 30055	174	22405492 24888	204	23096301 21236	234	23692158 18520
145	21613680 29848	175	22430380 24746	205	23117538 21133	235	23710678 18441
146	21643528 29644	176	22455126 24605	206	23138672 21031	236	23729120 18363
147	21673173 29443	177	22479732 24467	207	23159703 20929	237	23747483 18286
148	21702617 29245	178	22504200 24330	208	23180633 20829	238	23765769 18209
149	21731862 29049	179	22528530 24194	209	23201462 20710	239	23783979 18133
150	21760912 28856	180	22552725 24060	210	23222192 20631	240	23802112 18058

N.	Logarith.	N.	Logarith.	N.	Logarith.	N.	Logarith.
241	23820170	271	24329692	301	24785664	331	25198279
	17983		15996		14404		13100
242	23838153	272	24345689	302	24800069	332	25211380
	17909		15937		14356		13061
243	23856062	273	24361626	303	24814426	333	25224441
	17835		15879		14309		13022
244	23873898	274	24377505	304	24828735	334	25237464
	17762		15821		14262		12983
245	23891660	275	24393326	305	24842998	335	25250448
	17690		15763		14215		12944
246	23909351	276	24409090	306	24857214	336	25263392
	17618		15706		14169		12906
247	23926969	277	24424797	307	24871383	337	25276299
	17547		15650		14123		12867
248	23944516	278	24440447	308	24885507	338	25289167
	17476		15594		14077		12829
249	23961993	279	24456042	309	24899584	339	25301996
	17406		15538		14032		12792
250	23979400	280	24471580	310	24913616	340	25314789
	17337		15482		13986		12754
251	23996737	281	24487063	311	24927603	341	25327543
	17268		15427		13942		12717
252	24014005	282	24502491	312	24941545	342	25340261
	17199		15373		13897		12680
253	24031205	283	24517864	313	2495544[illegible]	343	25352941
	17131		15319		13[illegible]		12643
254	24048317	284	24533183	314	24969[illegible]	344	25365584
	17064		15265		13809		12606
255	24065401	285	24548448	315	24983105	345	25378190
	16997		15211		13765		12570
256	24082399	286	24563660	316	24996870	346	25390760
	16931		15158		13721		12533
257	24099331	287	24578818	317	25010592	347	25403294
	16865		15105		13678		12497
258	24116197	288	24593924	318	25024271	348	25415792
	16800		15053		13635		12461
259	24132997	289	24608978	319	25037906	349	25428254
	16735		15001		13592		12426
260	24149733	290	24623979	320	25051499	350	25440680
	16671		14949		13550		12390
261	24166405	291	24638929	321	25065050	351	25453071
	16607		14898		13508		12355
262	24183012	292	24653828	322	25078558	352	25465426
	16544		14847		13466		12320
263	24199557	293	24668676	323	25092025	353	25477747
	16481		14797		13424		12285
264	24216039	294	24683473	324	25105450	354	25490032
	16419		14746		13383		12250
265	24232458	295	24698220	325	25118833	355	25502283
	16357		14696		13342		12216
266	24248816	296	24712917	326	25132176	356	25514499
	16296		14647		13301		12182
267	24265112	297	24727564	327	25145477	357	25526682
	16235		14598		13260		12148
268	24281347	298	24742162	328	25158738	358	25538830
	16174		14549		13220		12114
269	24297522	299	24756711	329	25171958	359	25550944
	16114		14500		13180		12080
270	24313637	300	24771212	330	25185139	360	25563025
	16055		14452		13140		12047

N.	Logarith.	N.	Logarith.	N.	Logarith.	N.	Logarith.
361	25575072	391	25921767	421	26242810	451	26541765
	12015		11093		10303		9618
362	25587087	392	25932860	422	26253124	452	26551384
	11980		11064		10279		9597
363	25599066	393	25943925	423	26263403	453	26560982
	11947		11036		10254		9576
364	25611013	394	25954962	424	26273658	454	26570558
	11914		11008		10230		9555
365	25622928	395	25965970	425	26283889	455	26580113
	11882		10980		10206		9534
366	25634810	396	25976951	426	26294095	456	26589648
	11849		10953		10182		9513
367	25646660	397	25987905	427	26304278	457	26599162
	11817		10925		10158		9492
368	25658478	398	25998830	428	26314437	458	26608654
	11785		10898		10135		9472
369	25670263	399	26009728	429	26324572	459	26618126
	11753		10870		10111		9451
370	25682017	400	26020599	430	26334684	460	26627578
	11721		10843		10088		9430
371	25693739	401	26031443	431	26344772	461	26637009
	11690		10816		10064		9410
372	25705429	402	26042260	432	26354837	462	26646419
	11658		10789		10041		9390
373	25717088	403	26053050	433	26364878	463	26655809
	11627		10763		10018		9369
374	25728716	404	26063811	434	26374897	464	26665179
	11596		10736		9995		9349
375	25740312	405	26074550	435	26384892	465	26674529
	11565		10710		9972		9329
376	25751878	406	26085260	436	26394864	466	26683859
	11535		10683		9949		9309
377	25763413	407	26095944	437	26404814	467	26693168
	11504		10657		9926		9289
378	25774917	408	26106601	438	26414741	468	26702458
	11474		10631		9904		9269
379	25786392	409	26117233	439	26424645	469	26711728
	11443		10605		9881		9250
380	25797835	410	26127838	440	26434526	470	26720978
	11413		10579		9859		9230
381	25809249	411	26138418	441	26444385	471	26730209
	11383		10553		9836		9210
382	25820633	412	26148972	442	26454222	472	26739[illegible]19
	11354		10528		9814		9[illegible]
383	25831987	413	26159500	443	26464037	473	26748611
	11324		10502		9792		9192
384	25843312	414	26170003	444	26473829	474	26757783
	11295		10477		9770		9152
385	25854607	415	26180480	445	26483600	475	26766936
	11265		10452		9748		9133
386	25865873	416	26190933	446	26493348	476	26776069
	11236		10427		9726		9114
387	25877109	417	26201360	447	26503075	477	26785183
	11207		10402		9704		9095
388	25888317	418	26211762	448	26512780	478	26794278
	11178		10377		9683		9076
389	25899496	419	26222140	449	26522463	479	26803355
	11150		10352		9661		9057
390	25910646	420	26232492	450	26532125	480	26812412
	11121		10328		9640		9038

N.	Logarith.		N.	Logarith.		N.	Logarith.		N.	Logarith.	
481	26821450	9019	511	27084209	8490	541	27331942	8020	5Ll	27566361	7599
482	26830470	9000	512	27092699	8474	542	27339992	8005	572	27573960	7585
483	26839471	8982	513	27101173	8457	543	27347998	7990	573	27581546	7572
484	26848453	8963	514	27109631	8441	544	27355988	7996	574	27589118	7559
485	26857417	8945	515	27118072	8424	545	27363965	7961	575	27596678	7546
486	26866362	8926	516	27126497	8408	546	27371926	7946	576	27604224	7533
487	26875289	8908	517	27134905	8392	547	27379873	7932	577	27611758	7520
488	26884198	8890	518	27143297	8375	548	27387805	7917	778	27619278	7507
489	26893088	8872	519	2715 1673	8359	549	27395721	7903	579	27626785	7494
490	26901960	8854	520	27160033	8343	550	27403626	7889	580	27634279	7481
491	26910814	8836	521	27168377	8327	551	27411515	7874	581	27641761	7468
492	26919651	8818	522	27176705	8311	552	27419390	7860	582	27649229	7455
493	26928469	8800	523	27185016	8295	553	27427251	7846	583	27656685	7442
494	26937269	8782	524	27193312	8280	554	27435097	7832	584	27664128	7430
495	26946051	8764	525	27201593	8264	555	27442929	7818	585	27671558	7417
496	26954816	8747	526	27209857	8248	556	27450747	7804	586	27678976	7404
497	26963563	8729	527	27218106	8233	557	27458551	7790	587	27686381	7392
498	26972293	8712	528	27226339	8217	558	27466341	7776	588	27693773	7379
499	26981005	8694	529	27234556	8201	559	27474118	7762	589	27701152	7367
500	26989700	8677	530	27242758	8186	560	27481880	7748	590	27708520	7354
501	26998377	8659	531	27250945	8171	561	27489628	7734	591	27715874	7342
502	27007037	8642	532	27259116	8155	562	27497363	7720	592	27723217	7329
503	27015679	8625	533	27267272	8140	563	27505083	7707	593	27730546	7317
504	27024305	8608	534	27275412	8125	564	27512791	7693	594	27737864	7305
505	27032913	8591	535	27283537	8110	565	27520484	7679	595	27745169	7292
506	27041505	8574	536	27291647	8094	566	27528164	7666	596	27752462	7280
507	27050079	8557	537	27299742	8079	567	27535830	7652	597	27759742	7268
508	27058637	8540	538	27107822	8064	568	27543483	7639	598	27767011	7256
509	27067177	8524	539	27315887	8049	569	27551122	7625	599	27774268	7244
510	27075701	8507	540	26123937	8035	570	27558748	7612	600	27781512	7232

N.	Logarith.		N.	Logarith.		N.	Logarith.		N.	Logarith.	
601	27788744	7220	631	28000293	6877	661	28202014	6565	691	28394780	6280
602	27795964	7208	632	28007170	6866	662	28208579	6555	692	28401060	6271
603	27803173	7196	633	28014037	6855	663	28215135	6545	693	28407332	6262
604	27810369	7184	634	28020892	6844	664	28221680	6535	694	28413594	6253
605	27817553	7172	635	28027737	6833	665	28228216	6525	695	28419848	6244
606	27824726	7160	636	28034571	6823	666	28234742	6516	696	28426092	6235
607	27831886	7148	637	28041394	6812	667	28241258	6506	697	28432327	6226
608	27839035	7137	638	28048206	6801	668	28247764	6496	698	28438554	6217
609	27846172	7125	639	28055008	6791	669	28254261	6486	699	28444771	6208
610	27853298	7113	640	28061799	6780	670	28260748	6477	700	2845098	6199
611	27860412	7102	641	28068580	6769	671	28267225	6467	701	28457180	6190
612	27867514	7090	642	28075350	6759	672	28273692	6457	702	28463371	6182
613	27874604	7078	643	28082109	6748	673	28280150	6448	703	28469553	6173
614	27881681	7067	644	28088858	6738	674	28286598	6438	704	28475726	6164
615	27888751	7055	645	28095597	6728	675	28293037	6429	705	28481891	6155
616	27895807	7044	646	28102325	6717	676	28299466	6419	706	28488047	6147
617	27902851	7033	647	28109042	6707	677	28305886	6410	707	28494194	6138
618	27909884	7021	648	28115750	6696	678	28312296	6400	708	28500332	6129
619	27916905	7010	649	28122446	6686	679	28318697	6391	709	28506462	6121
620	27923916	6999	650	28129133	6676	680	28325089	6381	710	28512583	6112
621	27930916	6987	651	28135809	6666	681	28331471	6372	711	28518696	6103
622	27937903	6976	652	28142475	6655	682	28337843	6363	712	28524799	6095
623	27944880	6965	653	28149131	6645	683	28344207	6353	713	28530895	6086
624	27951845	6954	654	28155777	6635	684	28350561	6344	714	28536982	6078
625	27958800	6943	655	28162412	6625	685	28356905	6335	715	28543060	6069
626	27965743	6932	656	28169038	6615	686	28363241	6326	716	28549130	6061
627	27972675	6921	657	28175653	6605	687	28369567	6317	717	28555191	6052
628	27979596	6910	658	28182258	6595	688	28375884	6107	718	28561244	6044
629	27986506	6899	659	28188854	6585	689	28382192	6298	719	28567288	6036
630	27993405	6888	660	28195439	6575	690	28388490	6289	720	28573324	6027

N.	Logarith.	
721	28579352	6019
722	28585371	6010
723	28591382	6002
724	28597385	5994
725	28603380	5986
726	28609366	5977
727	28615344	5969
728	28621313	5961
729	28627275	5953
730	28633228	5945
731	28639173	5937
732	28645110	5928
733	28651039	5920
734	28656960	5912
735	28662873	5904
736	28668778	5896
737	28674674	5888
738	28680563	5880
739	28686444	5872
740	28692317	5864
741	28698182	5856
742	28704039	5849
743	28709888	5841
744	28715729	5833
745	28721562	5825
746	28727388	5817
747	28733206	5809
748	28739015	5802
749	28744818	5794
750	28750613	5786
751	28756399	5779
752	28762178	5771
753	28767949	5763
754	28773713	5756
755	28779469	5748
756	28785217	5740
757	28790958	5733
758	28796692	5725
759	28802417	5718
760	28808135	5710
761	28813846	5703
762	28819549	5695
763	28825245	5688
764	28830933	5680
765	28836614	5673
766	28842287	5665
767	28847953	5658
768	28853612	5651
769	28859263	5643
770	28864907	5636
771	28870543	5629
772	28876173	5621
773	28881794	5614
774	28887409	5607
775	28893017	5600
776	28898617	5592
777	28904210	5585
778	28909795	5578
779	28915374	5571
780	28920946	5564
781	28926510	5557
782	28932067	5550
783	28937617	5543
784	28943160	5535
785	28948696	5528
786	28954225	5521
787	28959747	5514
788	28965262	5507
789	28970770	5500
790	28976270	5493
791	28981764	5486
792	28987251	5480
793	28992731	5473
794	28998205	5466
795	29003671	5459
796	29009130	5452
797	29014583	5445
798	29020028	5438
799	29025467	5432
800	29030899	5425
801	29036325	5418
802	29041743	5411
803	29047155	5405
804	29052560	5398
805	29057958	5391
806	29063350	5384
807	29068735	5378
808	2[illegible]741[illegible]	5371
809	29079485	5364
810	29084850	5357
811	29090208	5351
812	29095560	5345
813	29100905	5338
814	29106244	5332
815	29111576	5325
816	29116901	5318
817	29122220	5312
818	29127533	5305
819	29132839	5299
820	29138138	5293
821	29143431	5286
822	29148718	5280
823	29153998	5273
824	29159272	5267
825	29164539	5260
826	29169800	5254
827	29175055	5248
828	29180303	5241
829	29185545	5235
830	29190781	5229
831	29196010	5223
832	29201233	5216
833	29206450	5210
834	29211660	5204
835	29216864	5198
836	29222062	5191
837	29227254	5185
838	29232440	5179
839	29237619	5173
840	29242792	5167

N.	Logarith.		N.	Logarith.		N.	Logarith.		N.	Logarith.	
841	29247959	5160	871	29400181	4983	901	29547247	4817	931	29689496	4662
842	29253120	5154	872	29405164	4977	902	29552055	4812	932	29694155	4657
843	29258275	5148	873	29410142	4971	903	29556877	4806	933	29698816	4652
844	29263424	5142	874	29415114	4966	904	29561684	4801	934	29703468	4647
845	29268567	5136	875	29420080	4960	905	29566485	4796	935	29708116	4642
846	29273703	5130	876	29425041	4954	906	29571281	4790	936	29712758	4637
847	29278834	5124	877	29429995	4949	907	29576072	4785	937	29717395	4631
848	29283958	5118	878	29434945	4943	908	29580858	4780	938	29722028	4627
849	29289076	5112	879	29439888	4937	909	29585638	4775	939	29726655	4622
850	29294189	5106	880	29444826	4932	910	29590413	4769	940	29731278	4617
851	29299295	5100	881	29449759	4926	911	29595183	4764	941	29735896	4612
852	29304395	5094	882	29454685	4921	912	29599948	4759	942	29740509	4607
853	29309490	5088	883	29459607	4915	913	29604707	4754	943	29745116	4603
854	29314578	5082	884	29464522	4910	914	29609461	4748	944	29749719	4598
855	29319661	5076	885	29469432	4904	915	29614210	4743	945	29754318	4593
856	29324737	5070	886	29474337	4898	916	29618954	4738	946	29758911	4588
857	29329808	5064	887	29479236	4893	917	29623693	4733	947	29763499	4583
858	29334872	5058	888	29484129	4887	918	29628426	4728	948	29768083	4578
859	29339931	5052	889	29489017	4882	919	29633155	4723	949	29772662	4573
860	29344984	5047	890	29493900	4876	920	29637878	4718	950	29777236	4569
861	29350031	5041	891	29498777	4871	921	29642596	4712	951	29781805	4564
862	29355072	5035	892	29503648	4866	922	29647309	4707	952	29786369	4559
863	29360107	5029	893	29508514	4860	923	29652017	4702	953	29790929	4554
864	29365137	5023	894	29513375	4855	924	29656719	4697	954	29795483	4549
865	29370161	5017	895	29518230	4849	925	29661417	4692	955	29800033	4545
866	29375178	5012	896	29523080	4844	926	29666109	4687	956	29804578	4540
867	29380190	5006	897	29527924	4838	927	29670797	4682	957	29809119	4535
868	29385197	5000	898	29532763	4833	928	29675479	4677	958	29813655	4530
869	29390197	4994	899	29537596	4828	929	29680157	4672	959	29818186	4526
870	29395192	4989	900	29542425	4822	930	29684829	4667	960	29822712	4521

N.	Logarith.	N.	Logarith.	N.	Logarith.	N.	Logarith.
961	29827233 4516	971	29872192 4470	981	29916690 4424	991	29960736 4380
962	29831750 4512	972	29876662 4465	982	29921114 4420	992	29965116 4375
963	29836262 4507	973	29881128 4461	983	29925535 4415	993	29969492 4371
964	29840770 4502	974	29885589 4456	984	29929950 4411	994	29973863 4366
965	29845273 4498	975	29890046 4452	985	29934362 4406	995	29978230 4362
966	29849771 4493	976	29894498 4447	986	29938769 4402	996	29982593 4358
967	29854264 4488	977	29898945 4442	987	29943171 4397	997	29986951 4353
968	29858753 4484	978	29903388 4438	988	29947569 4393	998	29991305 4349
969	29863237 4479	979	29907826 4433	989	29951962 4389	999	29995654 4345
970	29867717 4474	980	29912260 4429	990	29956351 4384	1000	30000000 4340

S'ENSVIT la seconde Table, contenant les logarithmes des Sinus & Tangentes de chacun arc du Quadrant, duquel le Rayon est supposé en nombre absolu de 10000000000 parties.

M.	Sinus.	Tangens.	Gr.	Sinus.	Tangens.	M.
			0			
0	0	0		100000000	Infinitum.	60
1	64637260	64637260		99999999	135162739	59
2	67647560	67647561		99999999	132152438	58
3	69408473	69408474		99999998	130591525	57
4	70657860	70657863		99999997	129342136	56
5	71626959	71626964		99999995	128373035	55
6	72418771	72418778		99999993	127581221	54
7	71088238	73088247		99999991	126911752	53
8	73668157	73668169		99999988	126331831	52
9	74179681	74179696		99999985	125820301	51
10	74637255	74637271		99999981	125362726	50
11	75051180	75051202		99999977	124948797	49
12	75429064	75429091		99999973	124570908	48
13	75776684	75776715		99999969	124223284	47
14	76098529	76098565		99999964	123901434	46
15	76398160	76397201		99999958	123601798	45
16	76678445	76678492		99999953	123321507	44
17	76941732	76941785		99999947	123058214	43
18	77189966	77180026		99999940	122819974	42
19	77424775	77424841		99999933	122575158	41
20	77647536	77647610		99999926	122352389	40
21	77859427	77859508		99999919	122140491	39
22	78061458	78061547		99999911	121938452	38
23	78254507	78254604		99999902	121745395	37
24	-8439358	78439444		99999894	121560555	36
25	78616623	78616738		99999885	121383262	35
26	78786951	78787077		99999875	121212922	34
27	78950854	78950988		99999866	121049012	33
28	79108793	79108937		99999856	120891062	32
29	79261189	79261344		99999845	120738656	31
30	79408418	79408584		99999834	120591416	30
31	79550819	79550996		99999823	120449004	29
32	79688698	79688886		99999812	120311113	28
33	79822311	79822514		99999800	120177466	27
34	79951979	79952192		99999787	120047808	26
35	80077866	80078091		99999774	119921908	25
36	80200206	80200445		99999767	119799555	24
37	80319194	80319446		99999748	119680551	23
38	80435008	80435274		99999734	119564726	2
39	80547814	80548193		99999720	119451806	21
40	80657763	80658057		99999706	119341942	20
41	80764996	80765305		99999691	119234694	19
42	80869646	80869970		99999675	119130029	18
43	80971832	80972172		99999660	119027827	17
44	81071669	81072025		99999644	118927975	16
45	81169262	81169634		99999628	118830365	15
46	81264709	81265098		99999611	118734901	14
47	81358104	81358510		99999594	118641489	13
48	81449532	81449955		99999576	118550044	12
49	81539075	91539516		99999558	118460483	11
50	81626808	81627367		99999540	118372632	10
51	81712803	81713281		99999522	118286718	9
52	81797129	81797626		99999503	118202374	8
53	81879847	81880363		99999484	118119616	7
54	81961020	81961555		99999464	118038444	6
55	82040702	82041258		99999444	117958741	5
56	82118949	82119525		99999423	117880474	4
57	82195810	82196407		99999403	117803592	3
58	82271335	82271951		99999382	117728046	2
59	82345568	82346207		99999360	117653791	1
60	82418553	82419214		99999318	117580785	0
			89			

M.	Sinus.	Tangens.	Gr.	Sinus.	Tangens.	M.
0	82418553	82419214	I	99999338	117580785	60
1	82490331	82491015		99999316	117508984	59
2	82560942	82561649		99999293	117438151	58
3	82630423	82631152		99999270	117368847	57
4	82698810	82699562		99999247	117300437	56
5	82766116	82766912		99999223	117233087	55
6	82832413	82833214		99999199	117166765	54
7	82897734	82898559		99999175	117101440	53
8	82962067	82962916		99999150	117037083	52
9	83025460	83026315		99999125	116973664	51
10	83087941	83088842		99999099	116011158	50
11	83149515	83150462		99999073	116849537	49
12	83210268	83211221		99999047	116788778	48
13	83270163	83271142		99999020	116728857	47
14	83329243	83330249		99998993	116669750	46
15	83387529	83388563		99998966	116611437	45
16	83445043	83446104		99998938	116553895	44
17	83501805	83502894		99998910	116497105	43
18	83557814	83558952		99998882	116441047	42
19	83613149	83614296		99998853	116385703	41
20	83667769	83668945		99998823	116331054	40
21	83721709	83722915		99998794	116277084	39
22	83774988	83776223		99998764	116223776	38
23	83827620	83828886		99998734	116171111	37
24	83879621	83880918		99998703	116119081	36
25	83931007	83932315		99998672	116067664	35
26	83981792	83983151		99998641	116016848	34
27	84031990	84033181		99998609	115966619	33
28	84081613	84083036		99998576	115916963	32
29	84130670	84132131		99998544	115867868	31
30	84179190	84180678		99998511	115819322	30
31	84227168	84228689		99998478	115771310	29
32	84274621	84276176		99998444	115723823	28
33	84321561	84323150		99998410	115676849	27
34	84367998	84369622		99998376	115630377	26
35	84413944	84415603		99998341	115584397	25
36	84459409	84461102		99998306	115538897	24
37	84504402	84506131		99998271	115493868	23
38	84548913	84550698		99998235	115449301	22
39	84593012	84594814		99998199	115405186	21
40	84636648	84638486		99998162	115361513	20
41	84679850	84681724		99998125	115318275	19
42	84722625	84724537		99998088	115275462	18
43	84764983	84766913		99998050	115233066	17
44	84806932	84808919		99998012	115191080	16
45	84848478	84850505		99997974	115149495	15
46	84889631	84891696		99997935	115108303	14
47	84930197	84932501		99997896	115067498	13
48	84970784	84972927		99997856	115027072	12
49	85010798	85011981		99997816	114987018	11
50	85050446	85052670		99997776	114947329	10
51	85089736	85092000		99997735	114907699	9
52	85128673	85130978		99997694	114869021	8
53	85167263	85169610		99997653	114810389	7
54	85205513	85207902		99997611	114792098	6
55	85243429	85245860		99997569	114754140	5
56	85281016	85281489		99997527	114716510	4
57	85318281	85320797		99997484	114679203	3
58	85355228	85357787		99997441	114642112	2
59	85391863	85394466		99997397	114605534	1
60	85428191	85430838		99997353	114565162	0

M.	Sinus.	Tangens.	Gr.	Sinus.	Tangens.	M.
			2			
0	85428191	85430838		99997353	114569162	60
1	85464217	85466908		99997309	114533091	59
2	85499947	85502683		99997264	114497317	58
3	85535385	85538166		99997219	114461834	57
4	85570516	85573362		99997174	114426637	56
5	85605404	85608276		99997128	114391724	55
6	85639994	85642912		99997082	114357088	54
7	85674310	85677274		99997035	114322725	53
8	85708357	85711368		99996988	114288631	52
9	85742139	85745197		99996941	114254802	51
10	85775659	85778765		99996894	114221234	50
11	85808923	85812076		99996846	114187923	49
12	85841933	85845135		99996797	114154864	48
13	85874594	85877945		99996749	114122054	47
14	85907209	85910509		99996700	114089490	46
15	85939482	85942832		99996650	114057167	45
16	85971517	85974916		99996600	114025083	44
17	86003317	86006766		99996550	113993233	43
18	86034885	86038385		96996499	113961614	42
19	86056225	86069776		99996449	113930223	41
20	86097341	86100943		99996397	113899056	40
21	86128234	86131888		99996346	113868111	39
22	86158909	86162615		99996294	113837384	38
23	86189369	86193127		99996241	113806872	37
24	86219616	86223427		99996188	113776572	36
25	86249653	86253517		99996135	113746482	35
26	86279484	86283402		99996082	113716598	34
27	86309111	86313082		99996028	113686917	33
28	86338536	86342562		99995974	113657437	32
29	86367764	86371844		99995919	113628155	31
30	86396795	86400931		99995864	113599068	30
31	86425634	86429825		99995807	113570175	29
32	86454182	86458528		99995753	113541471	28
33	86482741	86487044		99995697	113512955	27
34	86511015	86515375		99995640	113484625	26
35	86539106	86543522		99995584	113456477	25
36	86567016	86571489		99995527	113428510	24
37	86594748	86599278		99995469	113400721	23
38	86622303	86626891		99995411	113373108	22
39	86649684	86654330		99495353	113345669	21
40	86676891	86681598		99995294	113318401	20
41	86703912	86708696		99995235	113291303	19
42	86730804	86735627		99995176	113264372	18
43	86757510	86762393		99995116	113237606	17
44	86784052	86788996		99995056	113211003	16
45	86810433	86815437		99994995	113184562	15
46	86836654	86841719		99994934	113158280	14
47	86862717	86867844		99994873	113132155	13
48	86888625	86893813		99994812	113106186	12
49	86914178	86919528		99994750	113080371	11
50	86939980	86945292		99994687	113054707	10
51	86965431	86970806		99994625	113029193	9
52	86990733	86996171		99994561	113003828	8
53	87015889	87021390		99994498	112978609	7
54	87040899	87046464		99994434	112953535	6
55	87065765	87071395		99994370	112928604	5
56	87090490	87096184		99994306	112903815	4
57	87115074	87120833		99994241	112879166	3
58	87139520	87145345		99994175	112854655	2
59	87163829	87169719		99994110	112830281	1
60	87188201	87193957		99994044	112806042	0

M.	Sinus.	Tangens.	Gr.	Sinus.	Tangens.	M.
0	87188001	87193957	3	99994044	112806042	60
1	87212040	87218062		99993977	112781937	59
2	87235946	87242035		99993910	112757964	58
3	87259720	87265877		99993843	112734123	57
4	87283365	87289589		99993776	112710410	56
5	87305882	87313173		99993708	112686826	55
6	87330271	87336631		99993640	112663368	54
7	87353535	87359964		99993572	112640036	53
8	87376674	87383172		99993502	112616827	52
9	87399691	87406258		99993433	112593742	51
10	87422586	87429222		99993163	112570777	50
11	87445360	87452066		99993293	112547933	49
12	87468015	87474792		99993223	112525207	48
13	87490552	87497400		99993152	112502599	47
14	87512973	87519892		99993081	112480107	46
15	87535278	87542268		99993009	112457731	45
16	87557468	87564531		99992937	112435468	44
17	87579546	87586681		99992865	112413319	43
18	87601511	87608719		99992792	112391280	42
19	87623366	87630646		99992719	112369353	41
20	87645111	87652464		99992646	112347535	40
21	87666747	87674174		99992572	112325825	39
22	87688275	87695777		99992498	112304222	38
23	87709697	87717273		99992423	112282726	37
24	87731013	87738664		99992349	112261335	36
25	87752225	87759952		99992273	112240048	35
26	87773334	87781135		99992198	112218864	34
27	87794340	87802217		99992122	112197782	33
28	87815244	87823198		99992045	112176801	32
29	87836048	87844079		99991969	112155920	31
30	87856752	87864860		99991892	112135119	30
31	87877358	87885544		99991814	112114455	29
32	87897866	87906130		99991736	112093869	28
33	87918278	87926619		99991658	112073380	27
34	87938591	87947013		99991580	112052986	26
35	87958814	87967313		99991501	112032686	25
36	87978940	87987519		99991421	112012480	24
37	87998974	88007632		99991342	111992368	23
38	88018915	88027653		99991260	111972347	22
39	88038764	88047582		99991182	111952417	21
40	88058523	88067422		99991103	111932577	20
41	88078192	88087172		99991019	111912827	19
42	88097772	88106834		99990938	111893166	18
43	88117261	88126407		99990856	111873592	17
44	88136667	88145893		99990774	111854106	16
45	88155985	88165293		99990691	111834706	15
46	88175216	88184608		99990608	111815391	14
47	88194363	88203838		99990525	111796161	13
48	88213425	88222984		99990440	111777016	12
49	88232403	88242046		99990357	111757953	11
50	88251299	88261026		99990272	111738973	10
51	88270112	88279924		99990188	111720075	9
52	88288843	88298741		99990102	111701258	8
53	88307494	88317477		99990017	111682522	7
54	88326065	88336134		99989931	111663865	6
55	88344557	88354712		99989844	111645288	5
56	88362969	88373211		99989758	111626788	4
57	88381304	88391632		99989671	111608367	3
58	88399560	88409977		99989583	111590022	2
59	88417741	88428245		99989496	111571754	1
60	88435845	88446437		99989407	111553562	0
			86			

M.	Sinus.	Tangens.	Gr.	Sinus.	Tangens.	M.
			4			
0	88435845	88446437		99989408	111553562	60
1	88453873	88464554		99989319	111535445	59
2	8847[illegible]27	88482597		99989230	111517403	58
3	88489706	88500565		99989141	111499414	57
4	88507512	88518460		99989050	111481539	56
5	88525245	88536283		99988961	111463716	55
6	88542905	88554034		99988871	111445966	54
7	88560493	88571713		99988780	111428286	53
8	88578010	88589321		99988689	111410678	52
9	88595456	88606858		99988597	111393141	51
10	88612832	88624326		99988506	111375673	50
11	88630139	88641725		99988413	111358274	49
12	88647376	88659055		99988321	111340944	48
13	88664545	88676317		99988228	111323682	47
14	88681646	88693511		99988135	111306488	46
15	88698679	88710638		99988041	111289361	45
16	88715646	88727699		99987947	111272300	44
17	88732546	88744693		99987852	111255306	43
18	88749380	88761622		99987758	111238377	42
19	88766149	88778487		99987662	111221513	41
20	88782853	88795286		99987567	111204713	40
21	88799493	88812022		99987471	111187978	39
22	88816069	88828694		99987375	111171305	38
23	88832581	88845303		99987278	111154696	37
24	88849031	88861849		99987181	111138150	36
25	88865418	88878334		99987083	111121665	35
26	88881741	88894756		99986986	111105243	34
27	88898006	88911118		99986888	111088881	33
28	88914209	88927420		99986789	111072580	32
29	88930351	88943660		99986690	111056339	31
30	88946433	88959841		99986591	111040158	30
31	88962455	88975963		99986492	111024036	29
32	88978417	88992026		99986391	111007973	28
33	88994322	89008030		99986291	110991969	27
34	89010167	89023977		99986190	110976022	26
35	89025955	89039866		99986089	110960134	25
36	89041685	89055697		99985988	110944302	24
37	89057158	89071472		99985886	110928527	23
38	89072974	89087190		99985784	110912809	22
39	89088534	89102853		99985681	110897146	21
40	89104038	89118460		99985578	110881539	20
41	89119487	89134012		99985475	110865988	19
42	89134840	89149508		99985371	110850491	18
43	89150219	89164951		99985267	110835048	17
44	89165503	89180340		99985163	110819659	16
45	89180733	89195675		99985058	110804324	15
46	89195910	89210957		99984953	110789042	14
47	89211014	89226186		99984847	110773813	13
48	89226104	89241362		99984742	110758637	12
49	89241122	89256487		99984635	110743512	11
50	89256089	89271561		99984528	110728439	10
51	89271003	89286581		99984422	1107[illegible]1418	9
52	89285866	89301551		99984314	110698448	8
53	89300678	89316471		99984206	110683528	7
54	89315419	89331340		99984098	110668669	6
55	89330150	89346160		99983990	110653840	5
56	89344810	89360929		99983881	110639070	4
57	89359421	89375649		99983772	110624350	3
58	89373983	89390321		99983662	110609678	2
59	89388496	89404941		99983552	110595056	1
60	89402960	89419517		99983442	110580482	0

M.	Sinus.	Tangens.	Gr.	Sinus.	Tangens.	M.
0	89402960	89419517	5	99983442	110580482	60
1	89417375	89434044		99983331	110565955	59
2	89431743	89448522		99983220	110551477	58
3	89446063	89462954		99983109	110537046	57
4	89460335	89477338		99982997	110522661	56
5	89474560	89491675		99982885	110508324	55
6	89488739	89505966		99982772	110494033	54
7	89502871	89520211		99982659	110479788	53
8	89516956	89534410		99982546	110465589	52
9	89530996	89548564		99982432	110451436	51
10	89544990	89562672		99982318	110437327	50
11	89558939	89576735		99982204	110423264	49
12	89572843	89590754		99982089	110409245	48
13	89586702	89604728		99981974	110395271	47
14	89600517	89618658		99981858	110381341	46
15	89614217	89632544		99981742	110367455	45
16	89628013	89646387		99981626	110353612	44
17	89641696	89660187		99981509	110339812	43
18	89655337	89673944		99981392	110326055	42
19	89668934	89687658		99981275	110312341	41
20	89682488	89701330		99981157	110298669	40
21	89695998	89714949		99981039	110285050	39
22	89709467	89728546		99980921	110271453	38
23	89722894	89742092		99980802	110257907	37
24	89736280	89755597		99980683	110244402	36
25	89749624	89769060		99980563	110230939	35
26	89762926	89782483		99980443	110217516	34
27	89776187	89795864		99980323	110204135	33
28	89789408	89809206		99980202	110190793	32
29	89802588	89822507		99980081	110177492	31
30	89815728	89835769		99979959	110164230	30
31	89828829	89848991		99979838	110151008	29
32	89841889	89862173		99979715	110137826	28
33	89854909	89875316		99979593	110124683	27
34	89867890	89888420		99979470	110111579	26
35	89880833	89901486		99979347	110098513	25
36	89893737	89914513		99979223	110085486	24
37	89906602	89927503		99979099	110072496	23
38	89919429	89940454		99978974	110059545	22
39	89932217	89953367		99978850	110046632	21
40	89944967	89966243		99978725	110033757	20
41	89957680	89979081		99978599	110020918	19
42	89970356	89991883		99978473	110008117	18
43	89982994	90004648		99978347	109995352	17
44	89995595	90017375		99978220	109982624	16
45	90008159	90050066		99978093	109969931	15
46	90020687	90042721		99977965	109957178	14
47	90033172	90055340		99977838	109944659	13
48	90045633	90067923		99977710	109932076	12
49	90058053	90080472		99977581	109919528	11
50	90070436	90092984		99977452	109907016	10
51	90082784	90105461		99977323	109894539	9
52	90095096	90117902		99977193	109882097	8
53	90107373	90130310		99977063	109869690	7
54	90119685	90142682		99976933	109857317	6
55	90131823	90155021		99976802	109844979	5
56	90141996	90167325		99976671	109832675	4
57	90156134	90179594		99976540	109820405	3
58	90168238	90191830		99976408	109808169	2
59	90180309	90204033		99976276	109795967	1
60	90192345	90216202		99976143	109783797	0

M.	Sinus.	Tangens.	Gr.	Sinus.	Tangens.	M.
			6			
0	90192345	90215202		99976143	109783797	60
1	90204348	90228338		99976010	109771662	59
2	90216317	90240440		99975877	109759559	58
3	90228254	90252510		99975743	109747489	57
4	90240157	90264548		99975609	109735452	56
5	90252027	90276552		99975475	109723447	55
6	90263864	90288524		99975340	109711475	54
7	90275669	90300464		99975204	109699535	53
8	90287441	90312372		99975069	109687627	52
9	90299182	90324249		99974933	109675751	51
10	90310890	90336094		99974797	109663906	50
11	90322567	90347906		99974660	109652093	49
12	90334211	90359688		99974523	109640311	48
13	90345824	90371436		99974386	109628561	47
14	90357406	90383158		99974248	109616841	46
15	90368957	90394848		99974110	109605152	45
16	90380477	90406506		99973971	109593493	44
17	90391966	90418134		99973832	109581866	43
18	90403424	90429731		99973693	109570268	42
19	90414852	90441298		99973553	109558701	41
20	90426249	90452836		99973413	109547164	40
21	90437616	90464343		99973273	109535656	39
22	90448954	90475821		99973132	109524178	38
23	90460261	90487270		99972991	109512730	37
24	90471538	90498689		99972849	109501311	36
25	90482786	90510078		99972707	109489921	35
26	90494004	90521419		99972565	109478560	34
27	90505194	90532771		99972421	109467228	33
28	90516354	90544075		99972279	109455925	32
29	90527485	90555349		99972136	109444651	31
30	90538587	90566595		99971992	109433405	30
31	90549661	90577812		99971848	109422187	29
32	90560706	90589002		99971704	109410998	28
33	90571723	90600164		99971559	109399836	27
34	90582711	90611297		99971414	109388702	26
35	90593672	90622404		99971268	109377596	25
36	90604604	90633482		99971122	109366518	24
37	90615508	90644532		99970976	109355467	23
38	90626385	90655556		99970829	109344444	22
39	90637235	90666553		99970682	109333447	21
40	90648057	90677522		99970534	109322477	20
41	90658852	90688465		99970387	109311534	19
42	90669619	90699381		99970238	109300619	18
43	90680359	90710269		99970090	109289730	17
44	90691073	90721132		99969941	109278867	16
45	90701760	90731969		99969791	109268031	15
46	90712421	90742779		99969642	109257220	14
47	90723055	90753563		99969492	109246436	13
48	90733662	90764321		99969341	109235679	12
49	90744243	90775053		99969191	109224947	11
50	90754799	90785759		99969039	109214240	10
51	90765328	90796440		99968888	109203559	9
52	90775832	90807096		99968736	109192903	8
53	90786310	90817726		99968583	109182273	7
54	90796762	90828331		99968431	109171669	6
55	90807188	90838910		99968278	109161089	5
56	90817590	90849466		99968124	109150514	4
57	90827966	90859995		99967970	109140004	3
58	90838317	90870500		99967816	109129459	2
59	90848643	90880981		99967662	109119018	1
60	90858944	90891437		99967507	109108562	0

M.	Sinus.	Tangens.	Gr.	Sinus.	Tangens.	M.
			7			
0	90858944	90891437		99967507	109108562	60
1	90869221	90901869		99967351	109098130	59
2	90879471	90912277		99967196	109087723	58
3	90889790	90922660		99967040	109077339	57
4	90899901	90933020		99966883	109066980	56
5	90910082	90943355		99966727	109056644	55
6	90920236	90953667		99966569	109046333	54
7	90930367	90963955		99966412	109036045	53
8	90940473	90974219		99966254	109025780	52
9	90950556	90984460		99966096	109015539	51
10	90960615	90994678		99965937	109005322	50
11	90970650	91004872		99965778	108995127	49
12	90980662	91015043		99965619	108984956	48
13	90990651	91025192		99965459	108974808	47
14	91000616	91035317		99965299	108964682	46
15	91010558	91045420		99965138	108954580	45
16	91020477	91055500		99964977	108944500	44
17	91030373	91065557		99964816	108934443	43
18	91040246	91075591		99964654	108924408	42
19	91050096	91085604		99964492	108914395	41
20	91059924	91095594		99964330	108904405	40
21	91069729	91105562		99964167	108894438	39
22	91079511	91115507		99964004	108884492	38
23	91089272	91125431		99963840	108874568	37
24	91099010	91135333		99963677	108864666	36
25	91108726	91145214		99963512	108854786	35
26	91118420	91155072		99963348	108844928	34
27	91128091	91164908		99963183	108835091	33
28	91137741	91174724		99963017	108825275	32
29	91147370	91184518		99962851	108815481	31
30	91156976	91194291		99962685	108805709	30
31	91166561	91204042		99962519	108795957	29
32	91176125	91213773		99962352	108786227	28
33	91185667	91223482		99962185	108776517	27
34	91195188	91233171		99962017	108766829	26
35	19204688	91242838		99961849	108757161	25
36	91214166	91252485		99961681	108747514	24
37	91223624	91262112		99961512	108737888	23
38	91233061	91271717		99961343	108728282	22
39	91242476	91281303		99961173	108718696	21
40	91251871	91290868		99961003	108709131	20
41	91261246	91300412		99960833	108699587	19
42	91270600	91309937		99960663	108690062	18
43	91279933	91319441		99960492	108680558	17
44	91289246	91328926		99960320	108671073	16
45	91298539	91338390		99960148	108661609	15
46	91307812	91347835		99959976	108652164	14
47	91317064	91357260		99959804	108642739	13
48	91326296	91366665		99959631	108633334	12
49	91335509	91376051		99959458	108623948	11
50	91344703	91385417		99959284	108614582	10
51	91353874	91394764		99959110	108605235	9
52	91363027	91404091		99958936	108595908	8
53	91372161	91413399		99958761	108586600	7
54	91381275	91422688		99958586	108577321	6
55	91390369	91431959		99958410	108568041	5
56	91399445	91441210		99958235	108558790	4
57	91408500	91450441		99958058	108549558	3
58	91417537	91459654		99957882	108540345	2
59	91426554	91468849		99957705	108531150	1
60	91435533	91478025		99957527	108521974	0
			82			

M.	Sinus.	Tangens.	Gr.	Sinus.	Tangens.	M.
			8			
0	91435553	91478025		99957527	108521974	60
1	91444532	91487182		99957350	108512817	59
2	91453493	91496321		99957172	108503679	58
3	91462434	91505441		99956993	108494558	57
4	91471358	91514541		99956814	108485456	56
5	91480262	91523627		99956635	108476373	55
6	91489148	91532692		99956455	108467307	54
7	91498015	91541739		99956275	108458260	53
8	91506863	91550768		99956095	108449231	52
9	91515694	91559779		99955914	108440210	51
10	91524506	91568773		99955733	108431227	50
11	91533100	91577748		99955552	108422251	49
12	91542076	91586706		99955370	108413293	48
13	91550834	91595646		99955188	108404353	47
14	91559574	91604568		99955005	108395431	46
15	91568295	91613473		99954822	108386526	45
16	91576999	91622361		99954619	108377639	44
17	91585686	91631230		99954435	108368769	43
18	91594354	91640083		99954271	108359916	42
19	91603005	91648918		99954086	108351081	41
20	91611638	91657732		99953901	108342263	40
21	91620254	91666537		99953716	108333462	39
22	91628852	91675321		99953531	108324678	38
23	91637433	91684088		99953345	108315911	37
24	91645997	91692839		99953158	108307161	36
25	91654544	91701572		99952972	108298427	35
26	91663073	91710288		99952784	108289711	34
27	91671585	91718988		99952597	108281011	31
28	91680081	91727671		99952409	108272328	32
29	91688559	91736638		99952221	108263661	31
30	91697020	91744988		99952032	10825[illegible]011	30
31	91705465	91753622		99951843	108246377	29
32	91713893	91762239		99951654	108237760	28
33	91722304	91770840		99951464	108229159	27
34	91730699	91779424		99951274	108220575	26
35	91739077	91787993		99951084	108212006	25
36	91747438	91796545		99950893	108203454	24
37	91755783	91805081		99950702	108194918	23
38	91764112	91813602		99950510	108186398	22
39	91772424	91822106		99950318	108177893	21
40	91780721	91830595		99950125	108169404	20
41	91789000	91839068		99949933	108160932	19
42	91797264	91847524		99949739	108152475	18
43	91805512	91855965		99949546	108144034	17
44	91813744	91864391		99949352	108135608	16
45	91821959	91872801		99949158	108127198	15
46	91830160	91881196		99948963	108118803	14
47	91838344	91889575		99948768	108110424	13
48	91846512	91897939		99948573	108102061	12
49	91854664	91906287		99948377	108093712	11
50	91862801	91914620		99948181	108085379	10
51	91870923	91922938		99947984	108077061	9
52	91879029	91931241		99947787	108068758	8
53	91887119	91939529		99947590	108060470	7
54	91895194	91947801		99947393	108052198	6
55	91903254	91956059		99947195	108043940	5
56	91911298	91964302		99946996	108035697	4
57	91919327	91972530		99946797	108027470	3
58	91927341	91980743		99946598	108019256	2
59	91935340	91988941		99946399	108011058	1
60	91943324	91997125		99946199	108002874	0
			81			

M.	Sinus.	Tangens.	Gr.	Sinus.	Tangens.	M.
			9			
0	91943324	91997125		99946199	108002874	60
1	91951293	92005294		99945998	107994705	59
2	91959246	92013448		99945798	107986551	58
3	91967185	92021588		99945597	107978411	57
4	91975109	92029713		99945396	107970286	56
5	91983019	92037825		99945194	107962175	55
6	91990913	92045921		99944992	107954078	54
7	91998793	92054004		99944789	107945996	53
8	92006658	92062072		99944586	107937928	52
9	92014509	92070125		99944383	107929874	51
10	92022345	92078165		99944179	107921834	50
11	92030166	92086191		99943975	107913809	49
12	92037973	92094202		99943771	107905797	48
13	92045766	92102200		99943566	107897799	47
14	92053544	92110183		99943361	107889816	46
15	92061309	92118151		99943155	107881846	45
16	92069058	92126109		99942949	107873890	44
17	92076794	92134051		99942743	107865948	43
18	92084516	92141979		99942536	107858020	42
19	92092224	92149894		99942329	107850105	41
20	92099917	92157795		99942121	107842204	40
21	92107597	92165682		99941914	107834317	39
22	92115262	92173556		99941706	107826443	38
23	92122914	92181416		99941497	107818583	37
24	92130552	92189263		99941288	107810736	36
25	92138176	92197097		99941079	107802902	35
26	92145787	92204917		99940869	107795082	34
27	92153383	92212724		99940659	107787275	33
28	92160966	92220518		99940449	107779482	32
29	92168536	92228298		99940238	107771701	31
30	92176092	92236060		99940027	107763934	30
31	92183634	92243819		99939815	107756180	29
32	92191163	92251560		99939603	107748439	28
33	92198679	92259288		99939391	107740711	27
34	92206182	92267003		99939178	107732996	26
35	92213671	92274705		99938965	107725294	25
36	92221146	92282395		99938751	107717605	24
37	92228609	92290071		99938537	107709928	23
38	92236058	92297735		99938323	107702265	22
39	92243494	92305386		99938109	107694614	21
40	92250918	92313024		99937893	107686975	20
41	92258328	92320649		99937678	107679350	19
42	92265725	92328262		99937462	107671737	18
43	92273109	92335862		99937246	107664137	17
44	92280480	92343450		99937030	107656549	16
45	92287839	92351026		99936813	107648974	15
46	92295184	92358588		99936596	107641411	14
47	92302517	92366139		99936378	107633860	13
48	92309838	92373677		99936160	107626322	12
49	92317145	92381203		99935942	107618796	11
50	92324440	92388717		99935723	107611283	10
51	92331722	92396218		99935504	107603781	9
52	92338992	92403707		99935284	107596292	8
53	92346249	92411184		99935064	107588815	7
54	92353494	92418649		99934844	107581350	6
55	92360726	92426102		99934623	107573897	5
56	92367946	92433541		99934402	107566456	4
57	92375153	92440972		99934181	107559027	3
58	92382348	92448389		99933959	107551610	2
59	92389531	92455794		99933737	107544205	1
60	92396702	92463187		99933514	107536812	0
			80			

M.	Sinus.	Tangens.	Gr.	Sinus.	Tangens.	M.
0	92396702	92463187	10	99933514	107536812	60
1	92403861	92470569		99933291	107529410	59
2	92411007	92477939		99933068	107522061	58
3	92418141	92485296		99932844	107514703	57
4	92425263	92492643		99932620	107507356	56
5	92432173	92499977		99932396	107500022	55
6	92439472	92507300		99932171	107492699	54
7	92446558	92514612		99931946	107485387	53
8	92453632	92521912		99931720	107478087	52
9	92460695	92529200		99931494	107470799	51
10	92467745	92536477		99931268	107463522	50
11	92474784	92543741		99931041	107456257	49
12	92481811	92550997		99930814	107449002	48
13	92488826	92558240		99930586	107441759	47
14	92495830	92565471		99930358	107434528	46
15	92502822	92572691		99930130	107427308	45
16	92509802	92579900		99929902	107420099	44
17	92516771	92587098		99929673	107412901	43
18	92523729	92594285		99929443	107405714	42
19	92530674	92601461		99929213	107398538	41
20	92537609	92608625		99928983	107391374	40
21	92544532	92615779		99928753	107384221	39
22	92551443	92622921		99928522	107377078	38
23	92558343	92630053		99928290	107369947	37
24	92565232	92637173		99928059	107362826	36
25	92572110	92644283		99927827	107355716	35
26	92578976	92651382		99927594	107348618	34
27	92585831	92658469		99927362	107341530	33
28	92592675	92665547		99927128	107334452	32
29	92599508	92672613		99926895	107327386	31
30	92606330	92679669		99926661	107320330	30
31	92613141	92686714		99926427	107313285	29
32	92619940	92693748		99926192	107306251	28
33	92626729	92700772		99925957	107299227	27
34	92633507	92707785		99925721	107292214	26
35	92640274	92714788		99925485	107285211	25
36	92647029	92721780		99925249	107278219	24
37	92653775	92728762		99925013	107271238	23
38	92660509	92735733		99924776	107264266	22
39	92667232	92742694		99924538	107257306	21
40	92673945	92749644		99924300	107250355	20
41	92680646	92756584		99924062	107243415	19
42	92687338	92763514		99923824	107236485	18
43	92694019	92770433		99923585	107229566	17
44	92700689	92777343		99923346	107222657	16
45	92707348	92784241		99923106	107215758	15
46	92713996	92791130		99922866	107208869	14
47	92720634	92798009		99922625	107201991	13
48	92727262	92804877		99922385	107195122	12
49	92733880	92811736		99922143	107188263	11
50	92740487	92818584		99921902	107181415	10
51	92747083	92825423		99921660	107174577	9
52	92753669	92832251		99921418	107167748	8
53	92760245	92839070		99921175	107160930	7
54	92766810	92845878		99920932	107154121	6
55	92773365	92852677		99920688	107147322	5
56	92779910	92859465		99920445	107140534	4
57	92786445	92866244		99920200	107133755	3
58	92792969	92873014		99919956	107126986	2
59	92799484	92879773		99919711	107120227	1
60	92805988	92886522		99919465	107113477	0

M.	Sinus.	Tangens.	Gr.	Sinus.	Tangens.	M.
			11			
0	92805988	92886523		99919465	107113477	60
1	92812482	92893162		99919220	107106737	59
2	92818966	92899992		99918973	1071000[illegible]7	58
3	92825440	92906713		99918727	107093286	57
4	92831904	92913424		99918480	107086575	56
5	92838359	92920125		99918233	107079874	55
6	92844803	92926817		99917985	107073182	54
7	92851237	92933499		99917737	107066500	53
8	92857661	92940172		99917489	107059827	52
9	92864075	92946835		99917240	107053164	51
10	92870480	92953489		99916991	107046510	50
11	92876875	92960134		99916741	107039866	49
12	92883260	92966768		99916491	107033231	48
13	92889635	92973394		99916241	107026605	47
14	92896001	92980010		99915990	107019989	46
15	92902357	92986617		99915739	107013382	45
16	92908703	92993215		99915487	107006784	44
17	92915040	92999804		99915236	107000195	43
18	92921367	93006383		99914983	106993616	42
19	92927684	93012953		99914731	106987046	41
20	92933992	93019514		99914478	106980485	40
21	92940291	93026066		99914224	106973933	39
22	92946580	93032609		99913971	106967390	38
23	92952859	93039142		99913716	106960857	37
24	92959129	93045667		99913462	106954312	36
25	92965390	93052182		99913206	106947817	35
26	92971641	93058689		99912952	106941310	34
27	92977883	93065186		99912696	106934813	33
28	92984116	93071675		99912440	106928324	32
29	92990339	93078155		99912183	106921844	31
30	92996553	93084626		99911927	106915374	30
31	93002757	93091088		99911669	106908912	29
32	93008953	93097541		99911412	106902459	28
33	93015139	93103985		999111[illegible]	106896014	27
34	93021317	93110421		99910[illegible]	106889578	26
35	93027485	93116847		99910637	106883152	25
36	93033643	93123265		99910378	106876714	24
37	93039793	93129675		99910118	106870324	23
38	93045934	93136076		99909858	106863924	22
39	93052066	93142468		99909598	106857532	21
40	93058189	93148851		99909337	106851148	20
41	93064302	93155226		99909076	106844774	19
42	93070407	93161592		99908815	106838407	18
43	93076503	93167950		99908553	106832050	17
44	93082590	93174299		99908291	106825701	16
45	93088668	93180639		99908028	106819360	15
46	93094737	93186971		99907765	106813028	14
47	93100797	93193295		99907502	106806704	13
48	93106849	93199610		99907238	106800389	12
49	93112892	93205917		99906974	106794082	11
50	93118926	93212216		99906710	106787784	10
51	93124951	93218506		99906445	106781493	9
52	93130967	93224788		99906179	106775212	8
53	93136975	93231062		99905914	106768938	7
54	93142974	93237326		99905648	106762673	6
55	93148965	93243583		99905381	106756416	5
56	93154947	93249832		99905115	106750167	4
57	93160920	93256072		99904848	106743927	3
58	93166885	93262305		99904580	106737694	2
59	93172841	93268529		99904312	106731470	1
60	93178789	93274745		99904044	106725254	0
			78			

M.	Sinus.	Tangens.	Gr.	Sinus.	Tangens.	M.
			12			
0	93178789	93274745		99904044	106725254	60
1	93184728	93280955		99903775	106719046	59
2	93190659	93287153		99903506	106712847	58
3	93196581	93293344		99903236	106706655	57
4	93202495	93299528		99902966	106700471	56
5	93208400	93305704		99902696	106694296	55
6	93214291	93311871		99902425	106688128	54
7	93220186	93318031		99902154	106681968	53
8	93226066	93324183		99901883	106675817	52
9	93231938	93330326		99901611	106669673	51
10	93237802	93336462		99901339	106663537	50
11	93243657	93342590		99901066	106657409	49
12	93249504	93348710		99900794	106651289	48
13	93255343	93354821		99900520	106645177	47
14	93261174	93360927		99900247	106639072	46
15	93266996	93367024		99899972	106632976	45
16	93272811	93373112		99899698	106626887	44
17	93278617	93379194		99899423	106620806	43
18	93284415	93385267		99899148	106614732	42
19	93290205	93391331		99898872	106608666	41
20	93295987	93397391		99898596	106602608	40
21	93301761	93403441		99898320	106596558	39
22	93307527	93409483		99898043	106590516	38
23	93313285	93415518		99897766	106584481	37
24	93319035	93421546		99897488	106578453	36
25	93324777	93427566		99897210	106572433	35
26	93330511	93433578		99896932	106566421	34
27	93336236	93439583		99896653	106560416	33
28	93341955	93445580		99896374	106554419	32
29	93347665	93451570		99896095	106548429	31
30	93353367	93457552		99895815	106542447	30
31	93359062	93463527		99895534	106536473	29
32	93364748	93469494		99895254	106530506	28
33	93370427	93475454		99894973	106524545	27
34	93376098	[illegible]1407		99894691	106518593	26
35	93381762	[illegible]7352		99894410	106512647	25
36	93387417	93493290		99894127	106506710	24
37	93393065	93499220		99893845	106500775	23
38	93398705	93505141		99893562	106494856	22
39	93404338	93511059		99893278	106488940	21
40	93409963	93516968		99892995	106483032	20
41	93415580	93522869		99892711	106477130	19
42	93421189	93528763		99892426	106471236	18
43	93426791	93534650		99892141	106465349	17
44	93432386	93540529		99891856	106459470	16
45	93437972	93546402		99891570	106453597	15
46	93443552	93452267		99891284	106447712	14
47	93449123	93558125		99890998	106441874	13
48	93454688	93563976		99890711	106436023	12
49	934[illegible]244	93569820		99890420	106430179	11
50	93465794	93575657		99890136	106424347	10
51	93471336	93581487		99889848	106418512	9
52	93476870	93587310		99889560	106412689	8
53	93482397	93593126		99889271	106406874	7
54	93487917	93598934		99888982	106401065	6
55	93493429	93604736		99888692	106395263	5
56	93498934	93610531		99888402	106389468	4
57	93504431	93616319		99888112	106383681	3
58	93509921	93622100		99887821	106377900	2
59	93515404	93627874		99887530	106372126	1
60	93520880	93633641		99887239	106366358	0
			77			

M.	Sinus.	Tangens.	Gr.	Sinus.	Tangens.	M.
0	93520880	93633641	13	99887239	106366359	60
1	93526348	93639401		99886947	106360598	59
2	93531809	93645154		99886655	106354845	58
3	93537263	93650901		99886362	106349099	57
4	93542710	93656640		99886069	106343359	56
5	93548150	93662373		99885776	106337626	55
6	93553582	93668099		99885482	106331900	54
7	93559007	93673819		99885188	106326180	53
8	93564425	93679532		99884893	106320468	52
9	93569836	93685237		99884598	106314762	51
10	93575240	93690937		99884303	106309063	50
11	93580637	93696629		99884007	106303370	49
12	93586026	93702315		99883711	106297684	48
13	93591409	93707994		96883415	106292005	47
14	93596785	93713666		99883118	106286333	46
15	93602153	93719332		99882820	106280668	45
16	93607515	93724992		99882521	106275008	44
17	93612869	93730644		99882223	106269355	43
18	93618217	93736290		99881926	106263709	42
19	93623558	93741930		99881627	106258069	41
20	93628892	93747563		99881328	106252436	40
21	93634218	93753189		99881029	106246810	39
22	93639538	93758809		99880729	106241190	38
23	93644852	93764421		99880428	106235576	37
24	93650158	93770030		99880128	106229969	36
25	93655457	93775631		99879826	106224369	35
26	93660750	93781225		99879525	106218775	34
27	93666036	93786812		99879223	106213187	33
28	93671315	93792394		99878921	106207605	32
29	93676587	93797969		99878618	106202031	31
30	93681852	93803537		99878315	106196463	30
31	93687111	93809099		99878011	106190900	29
32	93692363	93814655		99877707	106185344	28
33	93697608	93820205		99877403	106179795	27
34	93702847	93825748		99877098	106174252	26
35	93708079	93831285		99876793	106168714	25
36	93713304	93836815		99876488	106163184	24
37	93718522	93842340		99876182	106157659	23
38	93723734	93847858		99875876	106152142	22
39	93728940	93853370		99875569	106146629	21
40	93734138	93858876		99875262	106141124	20
41	93739331	93864375		99874955	106135624	19
42	93744516	93869869		99874647	106130131	18
43	93749695	93875356		99874339	106124643	17
44	93754868	93880837		99874031	106119162	16
45	93760034	93886312		99873722	106113687	15
46	93765193	93891781		99873412	106108219	14
47	93770346	93897241		99873103	106102756	13
48	93775493	93902700		99872792	106097299	12
49	93780633	93908150		99872482	106091849	11
50	93785766	93913595		99872171	106086404	10
51	93790893	93919033		99871860	106080966	9
52	93796014	93924466		99871548	106075533	8
53	93801129	93929892		99871236	106070107	7
54	93806237	93935313		99870924	106064687	6
55	93811338	93940727		99870611	106059272	5
56	93816434	93946136		99870298	106053863	4
57	93821522	93951538		99869984	106048461	3
58	93826605	93956935		99869670	106043064	2
59	93831681	93962325		99869356	106037675	1
60	93836751	93967710		96869041	106032289	0
			76			

M.	Sinus.	Tangens.	Gr.	Sinus.	Tangens.	M.
			14			
0	93836751	93967710		99869041	106032289	60
1	93841815	93973089		99868726	106026910	59
2	93846873	93978463		99868410	106021537	58
3	93851924	93983829		99868094	106016170	57
4	93856969	93989191		99867778	106010808	56
5	93862008	93994546		99867461	106005453	55
6	93867040	93999896		99867144	106000103	54
7	93872066	94005240		99866826	105994760	53
8	93877087	94010578		99866508	105989421	52
9	93882101	94015910		99866190	105984089	51
10	93887108	94021237		99865872	105978763	50
11	93892110	94026557		99865552	105973442	49
12	93897106	94031873		99865233	105968127	48
13	93902095	94037182		99864913	105962817	47
14	93907079	94042486		99864593	105957514	46
15	93912056	94047784		99864272	105952216	45
16	93917027	94053076		99863951	105946923	44
17	93921993	94058363		99863630	105941637	43
18	93926952	94063644		99863308	105936356	42
19	93931905	94068919		99862986	105931080	41
20	93936852	94074189		99862663	105925810	40
21	93941793	94079453		99862340	105920546	39
22	93946728	94084711		99862017	105915288	38
23	93951658	94089964		99861693	105910035	37
24	93956581	94095212		99861369	105904787	36
25	93961498	94100454		99861044	105899545	35
26	93966410	94105690		99860719	105894309	34
27	93971315	94110921		99860394	105889078	33
28	93976215	94116146		99860068	105883853	32
29	93981108	94121366		99859942	105378633	31
30	93985996	94126580		99859416	105873419	30
31	93990878	94131789		99859089	105868210	29
32	93995754	94136992		99858761	105863007	28
33	94000624	94142190		99858434	105857809	27
34	94005489	94147383		99858106	105852616	26
35	94010347	94152570		99857777	105847429	25
36	94015200	94157752		99857448	105842248	24
37	94020047	94162928		99857119	105837071	23
38	94024889	94168099		99856789	105831900	22
39	94029724	94173264		99856459	105826735	21
40	94034554	94178425		99856129	105821575	20
41	94039378	94183579		99855798	105816420	19
42	94044196	94188729		99855467	105811270	18
43	94049009	94193873		99855135	105806126	17
44	94053816	94199012		99854803	105800987	16
45	94058617	94204146		99854471	105795853	15
46	94063412	94209274		99854138	105790725	14
47	94068202	94214397		99853805	105785602	13
48	94072987	94219515		99853471	105780484	12
49	94077765	94224628		99853137	105775372	11
50	94082538	94229735		99852803	105770264	10
51	94087306	94234837		99852468	105765162	9
52	94092067	94239934		99852133	105760065	8
53	94096824	94245026		99851797	105754973	7
54	94101574	94250113		99851461	105749887	6
55	94106319	94255194		99851125	105744805	5
56	94111059	94260270		99850788	105739729	4
57	94115793	94265341		99850451	105734658	3
58	94120521	94270408		99850114	105729592	2
59	94125244	94275468		99849776	105724531	1
60	94129962	94280524		99849437	105719475	0
			75			

M.	Sinus.	Tangens.	Gr.	Sinus.	Tangens.	M.
0	94129962	94280524	15	99849437	105719475	60
1	94134674	94285575		99849099	105714434	59
2	94139380	94290620		99848760	105709379	58
3	94144082	94295661		99848420	105704338	57
4	94148777	94300697		99848080	105699303	56
5	94153467	94305727		99847740	105694272	55
6	94158152	94310752		99847399	105689247	54
7	94162831	94315773		99847058	105684226	53
8	94167505	94320788		99846717	105679211	52
9	94172174	94325799		99846375	105674201	51
10	94176837	94330804		99846033	105669195	50
11	94181495	94335805		99845690	105664195	49
12	94186147	94340800		99845347	105659199	48
13	94190794	94345791		99845003	105654209	47
14	94195436	94350776		99844660	105649223	46
15	94200073	94355757		99844315	105644242	45
16	94204704	94360732		99843971	105639267	44
17	94209329	94365703		99843626	105634296	43
18	94213950	94370669		99843280	105629330	42
19	94218565	94375630		99842935	105624369	41
20	94223175	94380586		99842588	105619413	40
21	94227780	94385538		99842242	105614462	39
22	94232380	94390484		99841895	105609515	38
23	94236974	94395426		99841548	105604573	37
24	94241563	94400361		99841200	105599637	36
25	94246147	94405295		99840852	105594705	35
26	94250725	94410222		99840503	105589777	34
27	94255299	94415144		99840154	105584855	33
28	94259867	94420062		99839805	105579937	32
29	94264430	94424975		99839455	105575024	31
30	94268988	94429883		99839105	105570116	30
31	94273541	94434786		99838754	105566213	29
32	94278088	94439685		99838403	105560314	28
33	94282631	94444579		99838052	105555421	27
34	94287168	94449468		99837700	105550531	26
35	94291701	94454352		99837348	105545647	25
36	94296228	94459232		99836996	105540767	24
37	94300750	94464107		99836643	105535892	23
38	94305267	94468977		99836289	105531022	22
39	94309779	94473841		99835936	105526156	21
40	94314286	94478704		99835582	105521295	20
41	94318788	94483561		99835227	105516439	19
42	94323285	94488412		99834872	105511587	18
43	94327777	94493259		99834517	105506740	17
44	94332263	94498102		99834161	105501897	16
45	94336745	94502940		99833805	105497059	15
46	94341222	94507773		99833449	105492226	14
47	94345694	94512602		99833092	105487397	13
48	94350161	94517426		99832734	105482573	12
49	94354623	94522246		99832377	105477753	11
50	94359080	94527061		99832019	105472938	10
51	94363532	94531872		99831660	105468128	9
52	94367979	94536677		99831301	105463322	8
53	94372421	94541479		99830942	105458520	7
54	94376859	94546276		99830582	105453723	6
55	94381292	94551069		99830222	105448930	5
56	94385719	94555857		99829862	105444142	4
57	94390141	94560640		99829501	105439359	3
58	94394559	94565419		99829140	105434580	2
59	94398972	94570194		99828778	105429805	1
60	94403380	94574964		99828416	105425035	0

M.	Sinus.	Tangens.	Gr.	Sinus.	Tangens.	M'
			16			
0	94403180	94574966		99828416	105425035	60
1	94407784	94579730		99828051	10542026[illegible]	59
2	94412182	94584471		99827691	105415508	58
3	94416576	94589248		99827327	105410751	57
4	94420964	94594000		99826964	105405999	56
5	94425346	94598749		99826600	105401251	55
6	94429718	94603492		99826235	105396507	54
7	94434102	94608231		99825870	105391768	53
8	94438472	94612966		99825505	105387033	52
9	94442837	94617697		99825140	105382302	51
10	94447197	94622423		99824774	105377576	50
11	94451552	94627145		99824407	105372854	49
12	94455903	94631862		99824040	105368137	48
13	94460249	94636576		99823673	105363423	47
14	94464590	94641285		99823305	105358715	46
15	94468927	94645989		99822937	105354010	45
16	94473259	94650690		99822569	105349310	44
17	94477586	94655186		99822200	105344614	43
18	94481909	94660077		99821831	105339922	42
19	94486226	94664765		99821461	105335234	41
20	94490540	94669448		99821091	105330558	40
21	94494848	94674127		99820721	105325872	39
22	94499152	94678802		99820350	1053[illegible]98	38
23	94503451	94683472		99819979	105310527	37
24	94507746	94688138		99819607	105311862	36
25	94512036	94692801		99819235	105307199	35
26	94516322	94697459		99818863	105302541	34
27	94520603	94702112		99818490	105297887	33
28	94524879	94706762		99818117	105293238	32
29	94529150	94711407		99817743	105288592	31
30	94533418	94716048		99817369	105283951	30
31	94537680	94720685		99816995	105279314	29
32	94541938	94725318		99816620	105274681	28
33	94546192	94729947		99816245	105270053	27
34	94550441	94734571		99815869	105265428	26
35	94554685	94739192		99815493	105260807	25
36	94558925	94743808		99815117	105256191	24
37	94563161	94748420		99814740	105251579	23
38	94567392	94753029		99814363	105246971	22
39	94571618	94757633		99813985	105242367	21
40	94575840	94762233		99813607	105237767	20
41	94580058	94766828		99813229	105233171	19
42	94584271	94771420		99812850	105228579	18
43	94588479	94776008		99812471	105223991	17
44	94592683	94780592		99812091	105219407	16
45	94596883	94785172		99811711	105214827	15
46	94601078	94789747		99811331	105210252	14
47	94605269	94794319		99810950	105205680	13
48	94609456	94798887		99810569	105201112	12
49	94613638	94803451		99810187	105196549	11
50	94617816	94808010		99809805	105191989	10
51	94621989	94812566		99809421	105187433	9
52	94626158	94817118		99809040	105182881	8
53	94630323	94821666		99808657	105178334	7
54	94634483	94826209		99808273	105173790	6
55	94638638	94830749		99807889	105169250	5
56	94642790	94835285		99807504	105164714	4
57	94646937	94839817		99807120	105160182	3
58	94651080	94844345		99806734	105155654	2
59	94655219	94848870		99806349	105151130	1
60	94659353	94853390		99805961	105146609	0
			73			

M.	Sinus.	Tangens.	Gr.	Sinus.	Tangens.	M.
			17			
0	94659353	94853390		99805963	105146609	60
1	94663483	94857906		99805576	105142093	59
2	94667609	94862419		99805189	105137580	58
3	94671730	94866927		99804802	105133071	57
4	94675847	94871432		99804415	105128567	56
5	94679960	94875933		99804027	105124056	55
6	94684059	94880430		99803638	105119569	54
7	94688173	94884923		99803249	105115076	53
8	94692273	94889412		99802860	105110587	52
9	94696369	94893898		99802470	105106101	51
10	94700460	94898380		99802080	105101619	50
11	94704548	94902858		99801690	105097142	49
12	94708631	94907332		99801299	105092668	48
13	94712710	94911802		99800908	105088197	47
14	94716785	94916268		99800516	105083731	46
15	94720856	94920731		99800124	105079268	45
16	94724922	94925190		99799732	105074809	44
17	94728984	94929645		99799339	105070354	43
18	94733042	94934097		99798945	105065903	42
19	94737096	94938544		99798552	105061455	41
20	94741146	94942988		99798158	105057011	40
21	94745192	94947428		99797763	105052571	39
22	94749233	94951865		99797368	105048135	38
23	94753271	94956297		99796973	105043702	37
24	94757304	94960726		99796577	105039273	36
25	94761333	94965152		99796181	105034848	35
26	94765358	94969573		99795785	105030426	34
27	94769379	94973991		99795388	105026008	33
28	94773396	94978405		99794990	105021594	32
29	94777409	94982816		99794593	105017183	31
30	94781418	94987223		99794195	105012777	30
31	94785422	94991626		99793796	105008373	29
32	94789423	94996025		99793397	105003974	28
33	94793420	95000421		99792998	104999578	27
34	94797412	95004814		99792598	104995186	26
35	94801401	95009202		99792198	104990797	25
36	94805385	95013587		99791797	104986412	24
37	94809365	95017969		99791396	104982030	23
38	94813342	95022346		99790995	104977653	22
39	94817314	95026721		99790593	104973279	21
40	94821283	95031091		99790191	104968908	20
41	94825247	95035458		99789789	104964541	19
42	94829208	95039822		99789386	104960177	18
43	94833164	95044182		99788982	104955818	17
44	94837117	95048538		99788579	104951461	16
45	94841065	95052891		99788174	104947109	15
46	94845010	95057240		99787770	104942759	14
47	94848951	95061585		99787365	104938414	13
48	94852887	95065928		99786959	104934072	12
49	94856820	95070266		99786553	104929733	11
50	94860749	95074601		99786147	104925398	10
51	94864674	95078933		99785741	104921066	9
52	94868595	95083261		99785333	104916738	8
53	94872512	95087586		99784926	104912414	7
54	94876425	95091906		99784518	104908093	6
55	94880336	95096224		99784110	104903775	5
56	94884240	95100538		99783701	104899461	4
57	94888142	95104849		99783292	104895150	3
58	94892039	95109156		99782883	104890843	2
59	94895933	95113460		99782473	104886539	1
60	94899823	95117760		99782063	104882239	0
			72			

M.	Sinus.	Tangent.	Gr.	Sinus.	Tangens.	M.
			18			
0	94899821	95117760		99782063	104882239	60
1	94903709	95122057		99781652	104877942	59
2	94907592	95126350		99781241	104873649	58
3	94911470	95130640		99780830	104869359	57
4	94915345	95134927		99780418	104865073	56
5	94919216	95139210		99780005	104860789	55
6	94923083	95143490		99779593	104856510	54
7	94926945	95147766		99779180	104852233	53
8	94930805	95152039		99778766	104847960	52
9	94934661	95156308		99778352	104843691	51
10	94938513	95160575		99777938	104839424	50
11	94942361	95164838		99777523	104835162	49
12	94946205	95169097		99777108	104830902	48
13	94950046	95173353		99776692	104826646	47
14	94953882	95177605		99776275	104822394	46
15	94957715	95181855		99775860	104818144	45
16	94961544	95186101		99775443	104813898	44
17	94965373	95190344		99775026	104809656	43
18	94969192	95194583		99774608	104805416	42
19	94973010	95198819		99774190	104801180	41
20	94976824	95203052		99773772	104796947	40
21	94980635	95207281		99773353	104792718	39
22	94984442	95211507		99772934	104788492	38
23	94988245	95215730		99772514	104784269	37
24	94992044	95219950		99772094	104780050	36
25	94995840	95224166		99771674	104775833	35
26	94999632	95228379		99771253	104771620	34
27	95003421	95232589		99770832	104767411	33
28	95007205	95236795		99770410	104763204	32
29	95010987	95240998		99769988	104759001	31
30	95014764	95245198		99769565	104754801	30
31	95018538	95249395		99769143	104750604	29
32	95022308	95253588		99768719	104746411	28
33	95026075	95257779		99768296	104742221	27
34	95029837	95261966		99767871	104738033	26
35	95033597	95266150		99767447	104733850	25
36	95037352	95270330		99767022	104729669	24
37	95041103	95274508		99766597	104725492	23
38	95044853	95278682		99766171	104721318	22
39	95048598	95282853		99765745	104717146	21
40	95052339	95287021		99765318	104712979	20
41	95056077	95291185		99764891	104708814	19
42	95059811	95295347		99764464	104704652	18
43	95063541	95299505		99764036	104700494	17
44	95067268	95303660		99763608	104696339	16
45	95070992	95307812		99763179	104692187	15
46	95074713	95311961		99762750	104688038	14
47	95078428	95316107		99762320	104683892	13
48	95082140	95320249		99761891	104679750	12
49	95085850	95324389		99761460	104675610	11
50	95089555	95328525		99761030	104671474	10
51	95093257	95332658		99760599	104667341	9
52	95096956	95336789		99760167	104663211	8
53	95100651	95340916		99759735	104659084	7
54	95104343	95345039		99759303	104654960	6
55	95108031	95349160		99758870	104650839	5
56	95111715	95353278		99758437	104646721	4
57	95115396	95357393		99758003	104642607	3
58	95119074	95361504		99757569	104638495	2
59	95122748	95365613		99757135	104634386	1
60	95126419	95469718		99756700	104630281	0
			71			

M.	Sinus.	Tangens.	Gr. 19	Sinus.	Tangens.	M.
0	95126419	95369718		99756700	104630281	60
1	95130086	95373820		99756265	104626179	59
2	95133750	95377920		99755829	104622079	58
3	95137414	95382016		99755393	104617983	57
4	95141067	95386109		99754957	104613890	56
5	95144720	95390200		99754520	104609800	55
6	95148370	95394287		99754083	104605712	54
7	95152017	95398373		99753645	104601628	53
8	95155660	95402452		99753207	104597547	52
9	95159299	95406530		99752769	104593469	51
10	95162936	95410606		99752330	104589394	50
11	95166569	95414678		99751890	104585321	49
12	95170198	95418747		99751451	104581252	48
13	95173824	95422813		99751010	104577186	47
14	95177447	95426876		99750570	104573123	46
15	95181066	95430936		99750129	104569063	45
16	95184682	95434994		99749688	104565006	44
17	95188294	95439048		99749246	104560951	43
18	95191903	95443099		99748804	104556900	42
19	95195509	95447148		99748361	104552851	41
20	95199112	95451193		99747918	104548806	40
21	95202711	95455236		99747475	104544764	39
22	95206306	95459275		99747031	104540724	38
23	95209899	95463312		99746587	104536687	37
24	95213488	95467346		99746142	104532654	36
25	95217073	95471376		99745697	104528623	35
26	95220656	95475404		99745251	104524595	34
27	95224235	95479429		99744805	104520570	33
28	95227811	95483451		96744359	104515548	32
29	95231383	95487470		99743912	104511529	31
30	95234952	95491487		99743465	104508513	30
31	95238518	95495500		99743018	104504499	29
32	95242080	95499511		99742570	104500489	28
33	95245640	95503518		99742121	104496481	27
34	95249196	95507523		99741672	104492476	26
35	95252748	95511525		99741223	104488474	25
36	95256298	95515524		99740774	104484475	24
37	95259844	95519520		99740324	104480479	23
38	95263387	95523514		99739873	104476486	22
39	95266927	95527504		99739422	104472495	21
40	95270463	95531492		99738971	104468507	20
41	95273996	95535477		99738519	104464522	19
42	95277526	95539459		99738067	104460540	18
43	95281053	95543438		99737614	104456561	17
44	95284576	95547414		99737161	104452585	16
45	95288096	95551388		99736708	104448611	15
46	95291613	95555359		99736254	104444641	14
47	95295127	95559327		99735800	104440673	13
48	95298638	95563292		99735346	104436707	12
49	95302145	95567254		99734890	104432745	11
50	95305649	95571214		99734435	104428785	10
51	95309150	95575171		99733979	104424828	9
52	95312648	95579125		99733523	104420874	8
53	95316143	95583076		99733066	104416923	7
54	95319634	95587025		99732609	104412974	6
55	95323123	95590971		99732152	104409029	5
56	95326608	95594914		99731694	104405086	4
57	95330090	95598854		99731235	104401145	3
58	95333568	95602791		99730777	104397208	2
59	95337044	95606726		99730317	104393273	1
60	95340516	95610658		99729858	104389341	0
			70			

M.	Sinus.	Tangens.	Gr.	Sinus.	Tangens.	M.
			20			
0	95340516	95610658		99729858	104389341	60
1	95343986	95614588		99729398	104385411	59
2	95347452	95618514		99728937	104381485	58
3	95350915	95622438		99728476	104377561	57
4	95354375	95626359		99728015	104373640	56
5	95357832	95630278		99727554	104369722	55
6	95361286	95634194		99727091	104365805	54
7	95364736	95638107		99726629	104361892	53
8	95368184	95642017		99726166	104357982	52
9	95371628	95645925		99725703	104354074	51
10	95375069	95649830		99725239	104350169	50
11	95378508	95653733		99724775	104346267	49
12	95381943	95657632		99724310	104342367	48
13	95385375	95661530		99723845	104338470	47
14	95388804	95665424		99723380	104334575	46
15	95392230	95669316		99722914	104330684	45
16	95395653	95673205		99722448	104326795	44
17	95399072	95677091		99721981	104322908	43
18	95402489	95680975		99721514	104319024	42
19	95405903	95684856		99721046	104315143	41
20	95409313	95688735		99720578	104311265	40
21	95412721	95692610		99720110	104307389	39
22	95416125	95696484		99719641	104303515	38
23	95419527	95700354		99719172	104299645	37
24	95422925	95704222		99718702	104295777	36
25	95426321	95708088		99718232	104291911	35
26	95429713	95711951		99717762	104288048	34
27	95433102	95715811		99717291	104284188	33
28	95436489	95719669		99716820	104280330	32
29	95439872	95723524		99716348	104276475	31
30	95443253	95727376		99715876	104272623	30
31	95446630	95731226		99715403	104268773	29
32	95450004	95735074		99714930	104264925	28
33	95453376	95738918		99714457	104261081	27
34	95456744	95742761		99713983	104257239	26
35	95460110	95746600		99713509	104253399	25
36	95463472	95750437		99713034	104249562	24
37	95466832	95754272		99712559	104245727	23
38	95470188	95758104		99712084	104241895	22
39	95473542	95761933		99711608	104238066	21
40	95476892	95765760		99711131	104234239	20
41	95480240	95769585		99710655	104230414	19
42	95483585	95773407		99710178	104226592	18
43	95486926	95777226		99709700	104222773	17
44	95490265	95781043		99709222	104218956	16
45	95493601	95784857		99708744	104215142	15
46	95496934	95788669		99708265	104211330	14
47	95500264	95792478		99707786	104207521	13
48	95503591	95796285		99707306	104203714	12
49	95506916	95800090		99706826	104199910	11
50	95510237	95803891		99706345	104196108	10
51	95513555	95807691		99705864	104192308	9
52	95516871	95811488		99705383	104188512	8
53	95520184	95815282		99704901	104184717	7
54	95523493	95819074		99704419	104180925	6
55	95526800	95822864		99703936	104177136	5
56	95530104	95826651		99703453	104173349	4
57	95533405	95830435		99702970	104169564	3
58	95536703	95834217		99702486	104165782	2
59	95539999	95837997		99702002	104162002	1
60	95543291	95841774		99701517	104158225	0
			69			

M.	Sinus.	Tangens.	Gr.	Sinus.	Tangens.	M.
			21			
0	95543291	95841774		99701517	104158225	60
1	95546581	95845549		99701032	104154451	59
2	95549868	95849321		99700546	104150678	58
3	95553151	95853091		99700060	104146908	57
4	95556439	95856858		99699574	104143141	56
5	95559711	95860623		99699087	104139376	55
6	95562986	95864386		99698600	104135613	54
7	95566259	95868146		99698112	104131853	53
8	95569528	95871904		99697624	104128095	52
9	95572795	95875659		99697135	104124340	51
10	95576059	95879411		99696647	104120587	50
11	95579320	95883161		99696157	104116836	49
12	95582579	95886911		99695668	104113088	48
13	95585835	95890657		99695177	104109342	47
14	95589087	95894401		99694686	104105599	46
15	95592337	95898142		99694195	104101858	45
16	95595585	95901880		99693704	104098119	44
17	95598829	95905617		99693212	104094383	43
18	95602071	95909351		99692720	104090649	42
19	95605309	95913082		99692227	104086917	41
20	95608546	95916811		99691734	104083188	40
21	95611779	95920538		99691240	10407946	39
22	95615009	95924263		99690746	104075736	38
23	95618237	95927985		99690252	104072014	37
24	95621462	95931705		99689757	104068294	36
25	95624684	95935422		99689261	104064577	35
26	95627904	95939137		99688766	104060862	34
27	95631120	95942850		99688270	104057149	33
28	95634334	95946561		99687773	104053438	32
29	95637545	95950269		99687276	104049730	31
30	95640754	95953975		99686779	104046024	30
31	95643960	95957678		99686281	104042321	29
32	95647163	95961380		99685783	104038619	28
33	95650363	95965079		99685284	104034920	27
34	95653560	95968776		99684785	104031224	26
35	95656755	95972470		99684285	104027529	25
36	95659947	95976162		99683785	104023837	24
37	95663137	95979852		99683285	104020147	23
38	95666324	95983539		99682784	104016460	22
39	95669508	95987224		99682283	104012775	21
40	95672689	95990907		99681781	104009092	20
41	95675867	95994588		99681279	104005411	19
42	95679043	95998267		99680776	104001733	18
43	95682217	96001943		99680274	103998057	17
44	95685387	96005617		99679770	103994383	16
45	95688555	96009288		99679266	103990711	15
46	95691720	96012958		99678762	103987041	14
47	95694883	96016625		99678257	103983374	13
48	95698042	96020290		99677752	103979709	12
49	95701200	96023952		99677247	103976047	11
50	95704354	96027613		99676741	103972386	10
51	95707506	96031271		99676235	103968728	9
52	95710655	96034 27		99675728	103965072	8
53	95713802	96038581		99675221	103961418	7
54	95716946	96042232		99674713	103957767	6
55	95720087	96045881		99674205	103954118	5
56	95723225	96049519		99673697	103950471	4
57	95726362	96053174		99673188	103946826	3
58	95729495	96056816		99672678	103943183	2
59	95732626	96060457		99672168	103939542	1
60	95735754	96064095		99671658	103935904	0

M.	Sinus.	Tangens.	Gr.	Sinus.	Tangens.	M.
0	95735754	96064095	22	99671658	103935904	60
1	95738879	96067731		99671147	103932268	59
2	95742002	96071365		99670636	103928634	58
3	95745122	96074997		99670125	103925002	57
4	95748240	96078627		99669613	103921372	56
5	95751355	96082254		99669101	103917745	55
6	95754468	96085879		99668588	103914120	54
7	95757578	96089502		99668075	103910497	53
8	95760685	96093123		99667561	103906876	52
9	95763789	9609674[illegible]		99667047	103903257	51
10	95766892	96100359		99666533	103899641	50
11	95769991	96103973		99666018	103896026	49
12	95773088	96107585		99665502	103892414	48
13	95776182	96111195		99664987	103888804	47
14	95779274	96114803		99664470	103885196	46
15	95782363	96118409		99663954	103881590	45
16	95785450	96122013		99663437	103877986	44
17	95788534	96125614		99662919	103874385	43
18	95791616	96129214		99662401	103870785	42
19	95794695	96132811		99661883	103867188	41
20	95797771	96136407		99661364	103863593	40
21	95800845	96140000		99660845	103860000	39
22	95803916	96143591		99660325	103856409	38
23	95806985	96147179		99659805	103852820	37
24	95810051	96150766		99659285	103849233	36
25	95813115	96154351		99658764	103845648	35
26	95816176	96157933		99658243	103842066	34
27	95819235	96161514		99657722	103838485	33
28	95822291	96165092		99657199	103834907	32
29	95825345	96168669		99656676	103831331	31
30	95828396	96172243		99656153	103827756	30
31	95831445	96175815		99655629	103824184	29
32	95834491	96179385		99655106	103820614	28
33	95837535	96182953		99654581	103817046	27
34	95840576	96186519		99654057	103813480	26
35	95843614	96190083		99653531	103809917	25
36	95846650	96193644		99653006	103806355	24
37	95849684	96197204		99652480	103802795	23
38	95852715	96200762		99651953	103799237	22
39	95855744	96204318		99651426	103795681	21
40	95858770	96207871		99650899	103792128	20
41	95861794	96211423		99650371	103788576	19
42	95864815	96214972		99649843	103785027	18
43	95867834	96218520		99649314	103781479	17
44	95870851	96222065		99648785	103777934	16
45	95873864	96225609		99648255	103774390	15
46	95876876	96229150		99647725	103770849	14
47	95879885	96232690		99647195	103767310	13
48	95882892	96236227		99646664	103763772	12
49	95885895	96239762		99646133	103760237	11
50	95888897	96243296		99645601	103756704	10
51	95891896	96246827		99645069	103753172	9
52	95894891	96250356		99644536	103749641	8
53	95897887	96253883		99644003	103746116	7
54	95900879	96257409		99643470	103742590	6
55	95903869	96260932		99642936	103739067	5
56	95906856	96264453		99642402	103735546	4
57	95909840	96267971		99641867	103732026	3
58	95912823	96271490		99641332	103728509	2
59	95915802	96275006		99640796	103724994	1
60	95918780	96278519		99640260	103721480	0

M.	Sinus.	Tangens.	Gr.	Sinus.	Tangens.	M.
			23			
0	95918780	96278519		99640260	103721480	60
1	95921755	96282030		99639724	103717969	59
2	95924727	96285540		99639187	103714459	58
3	95927697	96289047		99638650	103710952	57
4	95930665	96292553		99638112	103707446	56
5	95933631	96296057		99637574	103703943	55
6	95936594	96299558		99637035	103700441	54
7	95939554	96303057		99636496	103696942	53
8	95942512	96306555		99635957	103693444	52
9	95945468	96310051		99635417	103689948	51
10	95948422	96313545		99634876	103686454	50
11	95951373	96317039		99634335	103682962	49
12	95954321	96320527		99633794	103679471	48
13	95957268	96324015		99633251	103675984	47
14	95960212	96327501		99632710	103672498	46
15	95963153	96330985		99632168	103669014	45
16	95966093	96334467		99631625	103665532	44
17	95969030	96337948		99631081	103662051	43
18	95971964	96341426		99630538	103658573	42
19	95974896	96344903		99629993	103655097	41
20	95977826	96348377		99629449	103651622	40
21	95980754	96351850		99628904	103648149	39
22	95983679	96355321		99628358	103644679	38
23	95986602	96358790		99627812	103641210	37
24	95989522	96362258		99627265	103637743	36
25	95992440	96365722		99626718	103634278	35
26	95995356	96369185		99626171	103630815	34
27	95998270	96372646		99625623	103627353	33
28	96001181	96376105		99625075	103623893	32
29	96004090	96379563		99624527	103620436	31
30	96006997	96383019		99623977	103616981	30
31	96009901	96386472		99623428	103613527	29
32	96012803	96389924		99622878	103610075	28
33	96015702	96393374		99622328	103606625	27
34	96018600	96396823		99621777	103603177	26
35	96021495	96400269		99621225	103599730	25
36	96024387	96403715		99620674	103596286	24
37	96027278	96407156		99620122	103592843	23
38	96030166	96410597		99619569	103589402	22
39	96033052	96414036		99619016	103585964	21
40	96035936	96417471		99618463	103582527	20
41	96038817	96420908		99617909	103579091	19
42	96041696	96424341		99617354	103575658	18
43	96044571	96427773		99616799	103572226	17
44	96047447	96431203		99616244	103568797	16
45	96050319	96434630		99615689	103565369	15
46	96053189	96438056		99615133	103561943	14
47	96056057	96441481		99614576	103558519	13
48	96058922	96444903		99614019	103555096	12
49	96061786	96448324		99613462	103551676	11
50	96064646	96451742		99612904	103548257	10
51	96067505	96455159		99612346	103544840	9
52	96070362	96458573		99611787	103541425	8
53	96073216	96461988		99611228	103538011	7
54	96076068	96465399		99610668	103534600	6
55	96078918	96468809		99610108	103531190	5
56	96081765	96472217		99609548	103527783	4
57	96084610	96475623		9960[illegible]98[illegible]	103524176	3
58	96087453	96479028		996[illegible]426	103520972	2
59	96090294	96482430		99607863	103517569	1
60	96093133	96485831		99607308	103514168	0
			66			

M.	Sinus.	Tangens.	Gr.	Sinus.	Tangens.	M.
			24			
0	96093133	96485831		99607301	103514168	60
1	96095969	96489210		99606738	103510769	59
2	96098803	96492627		99606175	103507372	58
3	96101635	96496023		99605612	103503976	57
4	96104465	96499416		99605048	103500583	56
5	96107292	96502808		99604483	103497191	55
6	96110117	96506198		99603919	103493801	54
7	96112940	96509587		99603353	103490412	53
8	96115761	96512974		99602787	103487026	52
9	96118580	96516358		99602221	103483641	51
10	96121396	96519742		99601655	103480258	50
11	96124211	96523123		99601087	103476876	49
12	96127023	96526503		99600520	103473497	48
13	96129833	96529881		99599952	103470119	47
14	06132641	96533257		99599383	103466742	46
15	96135446	96536631		99598815	103463368	45
16	96138249	96540004		99598245	103459995	44
17	96141051	96543375		99597676	103456624	43
18	96143850	96546744		99597105	103453255	42
19	96146646	96550111		99586535	103449888	41
20	96149441	96553477		99595964	103446522	40
21	96152234	96556841		99595392	103443158	39
22	96155024	96560203		99594820	103439796	38
23	96157812	96563564		99594248	103436435	37
24	96160598	96566923		99593675	103433077	36
25	96163382	96570280		99593102	103429719	35
26	96166164	96573635		99592528	103426364	34
27	96168943	96576989		99591954	103423010	33
28	96171721	96580341		99591379	103419658	32
29	96174496	96583692		99590804	103416307	31
30	96177269	96587040		99590229	103412959	30
31	96180040	96590387		99589653	103409612	29
32	96182809	96593712		99589076	103406267	28
33	96185576	96597076		99588500	103402923	27
34	96188340	96600418		99587922	103399581	26
35	96191103	96603758		99587344	103396241	25
36	96193863	96607097		99586766	103392903	24
37	96196622	96610434		99586188	103389566	23
38	96199378	96613769		99585609	103386230	22
39	96202132	96617102		99585029	103382897	21
40	96204884	96620434		99584449	103379565	20
41	96207633	96623764		99583869	103376235	19
42	96210381	96627093		99583288	103372906	18
43	96213127	96630420		99582707	103369579	17
44	96215870	96633745		99582125	103366254	16
45	96218612	96637068		99581543	103362931	15
46	96221351	96640390		99580960	103359609	14
47	96224088	96643711		99580377	103356289	13
48	96226823	96647029		99579794	103352970	12
49	96229556	96650346		99579210	103349653	11
50	96232287	96653661		99578625	103346338	10
51	96235016	96656975		99578040	103343024	9
52	96237743	96660287		99577455	103339712	8
53	96240467	96663598		99576869	103336401	7
54	96243190	96666906		99576283	103333093	6
55	99245911	96670214		99575697	103329786	5
56	96248629	96673519		99575109	103326480	4
57	96251345	96676823		99574522	103323176	3
58	96254060	96680125		99573934	103319874	2
59	96256772	96683426		99573346	103316573	1
60	96259482	96686725		99572757	103313274	0
			65			

M.	Sinus.	Tangens.	Gr.	Sinus.	Tangens.	M.
0	96259482	96686725	25	99572757	103313274	60
1	96262190	96690023		99572167	103309976	59
2	96264897	96693319		99571578	103306682	58
3	96267601	96696613		99570987	103303386	57
4	96270303	96699905		99570397	103300094	56
5	96273002	96703196		99569806	103296803	55
6	96275700	96706486		99569214	103293513	54
7	96278396	96709774		99568623	103290225	53
8	96281090	96713060		99568030	103286919	52
9	96283782	96716345		99567437	103283655	51
10	96286471	96719628		99566841	103280172	50
11	96289159	96722909		99566250	103277090	49
12	96291845	96726189		99565655	103273810	48
13	96294529	96729468		99565061	103270532	47
14	96297210	96732744		99564465	103267255	46
15	96299890	96736020		99563870	103263980	45
16	96302567	96739293		99563274	103260706	44
17	96305243	96742565		99562677	103257434	43
18	96307917	95745836		99562080	103254165	42
19	96310588	96749105		99561483	103250894	41
20	96313258	96752372		99560885	103247627	40
21	96315925	96755638		99560287	103244361	39
22	96318591	96758902		99559688	103241097	38
23	96321254	96762165		99559089	103237834	37
24	96323916	96765426		99558489	103234573	36
25	96326575	96768686		99557889	103231313	35
26	96329233	96771944		99557289	103228055	34
27	96331888	96775200		99556688	103224799	33
28	96334542	96778455		99556086	103221544	32
29	96337194	96781709		99555488	103218290	31
30	96339841	96784961		99554882	103215038	30
31	96342491	96788211		99554279	103211788	29
32	96345136	96791460		99553676	103208539	28
33	96347780	96794707		99553072	103205292	27
34	96350422	96797953		99552468	103202046	26
35	96353061	96801197		99551864	103198802	25
36	96355699	96804440		99551259	103195559	24
37	96358335	96807682		99550653	103192318	23
38	96360969	96810921		99550047	103189078	22
39	96363600	96814159		99549441	103185840	21
40	96366230	96817196		99548834	103182603	20
41	96368858	96820631		99548226	103179168	19
42	96371484	96823865		99547619	103176134	18
43	96374108	96827097		99547011	103172902	17
44	96376730	96830328		99546402	103169671	16
45	96379150	96833557		99545793	103166442	15
46	96381968	96836785		99545183	103163214	14
47	96384585	96840011		99544573	103159988	13
48	96387199	96843236		99543963	103156763	12
49	96389811	96846459		99543352	103153540	11
50	96392422	96849681		99542740	103150318	10
51	96395030	96852901		99542128	103147098	9
52	96397636	96856120		99541516	103143879	8
53	96400241	96859317		99540905	103140662	7
54	96402844	96862553		99540290	103137446	6
55	96405444	96865767		99539677	103134232	5
56	96408043	96868980		99539062	103131019	4
57	96410640	96872192		99538448	103127807	3
58	96413235	96875402		99537833	103124597	2
59	96415828	96878610		99537217	103121389	1
60	96418419	96881817		99536601	10311818[illegible]	0

M.	Sinus.	Tangens.	Gr.	Sinus.	Tangens.	M.
			26			
0	96418419	96881817		99536601	103118183	60
1	96421008	96885013		99535985	103114976	59
2	96423596	96888217		99535368	103111772	58
3	96426181	96891410		99534751	103108569	57
4	96428765	96894631		99534131	103105368	56
5	96431346	96897831		99533515	103102168	55
6	96433926	96901029		99532896	103098970	54
7	96436504	96904226		99532277	103095773	53
8	96439080	96907421		99531658	103092577	52
9	96441654	96910616		99531038	103089384	51
10	96444226	96913808		99530417	103086191	50
11	96446796	96916999		99529796	103083000	49
12	96449364	96920189		99529175	103079810	48
13	96451931	96923378		99528551	103076622	47
14	96454495	96926564		99527938	103073435	46
15	96457058	96929750		99527308	103070249	45
16	96459619	96932934		99526685	103067065	44
17	96462178	96936116		99526061	103063881	43
18	96464715	96939298		99525437	103060702	42
19	96467290	96942478		99524812	103057522	41
20	96469841	96945656		99524187	103054343	40
21	96472395	96948833		99523562	103051167	39
22	96474944	96952008		99522939	103047992	38
23	96477492	96955182		99522309	103044817	37
24	96480038	96958355		99521682	103041644	36
25	96482582	96961526		99521055	103038473	35
26	96485124	96964696		99520427	103035303	34
27	96487664	96967865		99519799	103032134	33
28	96490201	96971032		99519170	103028967	32
29	96492719	96974198		99518541	103025801	31
30	96465274	96977362		99517911	103022637	30
31	96497807	96980525		99517281	103019474	29
32	96500318	96983687		99516651	103016312	28
33	96502867	96986847		99516020	103013152	27
34	96505394	96990006		99515388	103009993	26
35	96507920	96993163		99514756	103006836	25
36	96510444	96996319		99514124	103003680	24
37	96512965	96999474		99513491	103000525	23
38	96515485	97002627		99512858	102997372	22
39	96518004	97005779		99512224	102994220	21
40	96520520	97008930		99511590	102991069	20
41	96523035	97012079		99510955	102987920	19
42	96525547	97015227		99510320	102984773	18
43	96528058	97018373		99509684	102981626	17
44	96530567	97021518		99509048	102978481	16
45	96533075	97024663		99508412	102975337	15
46	96535580	97027805		99507775	102972194	14
47	96538084	97030946		99507137	102969053	13
48	96540586	97034086		99506499	102965913	12
49	96543086	97037224		99505861	102962775	11
50	96545584	97040361		99505222	102959638	10
51	96548080	97043497		99504583	102956502	9
52	96550575	97046631		99503943	102953368	8
53	96553068	97049764		99503303	102950235	7
54	96555559	97052896		99502662	102947103	6
55	96558048	97056026		99502021	102943973	5
56	96560535	97059155		99501380	102940844	4
57	96563021	97062283		99500737	102937716	3
58	96565505	97065410		99500095	102934590	2
59	96567987	97068535		99499452	102931464	1
60	96570467	97071658		99498808	102928341	0
			63			

M.	Sinus.	Tangens.	Gr.	Sinus.	Tangens.	M.
			27			
0	96570467	97071658		99498808	102928341	60
1	96572946	97074781		99498165	102925218	59
2	96575422	97077902		99497520	102922097	58
3	96577897	97081022		99496871	102918977	57
4	96580371	97084140		99496230	102915859	56
5	96582842	97087257		99495584	102912741	55
6	96585311	97090373		99494938	102909626	54
7	96587779	97093488		99494291	102906511	53
8	96590246	97096601		99493644	102903398	52
9	96592710	97099713		99492996	102900286	51
10	96595172	97102824		99492348	102897176	50
11	96597633	97105933		99491700	102894066	49
12	96600092	97109041		99491051	102890958	48
13	96602549	97112148		99490401	102887851	47
14	96605005	97115253		99489751	102884746	46
15	96607459	97118357		99489101	102881642	45
16	96609911	97121460		99488450	102878539	44
17	96612361	97124562		99487799	102875438	43
18	96614802	97127662		99487147	102872338	42
19	96617256	97130761		99486495	102869238	41
20	96619701	97133850		99485842	102866140	40
21	96622144	97136955		99485189	102863044	39
22	96624586	97140051		99484535	102859949	38
23	96627026	97143144		99483881	102856855	37
24	96629464	97146237		99483226	102853762	36
25	96631900	97149329		99482571	102850671	35
26	96634335	97152419		99481916	102847581	34
27	96636767	97155507		99481260	102844492	33
28	96639199	97158595		99480603	102841404	32
29	96641628	97161681		99479946	102838318	31
30	96644056	97164766		99479289	102835233	30
31	96646482	97167850		99478631	102832149	29
32	96648906	97170933		99477973	102829066	28
33	96651328	97174014		99477314	102825985	27
34	96653749	97177094		99476655	102822905	26
35	96656168	97180173		99475995	102819826	25
36	96658585	97183250		99475335	102816749	24
37	96661001	97186327		99474674	102813672	23
38	96663415	97189402		99474013	102810597	22
39	96665827	97192476		99473351	102807523	21
40	96668238	97195548		99472689	102804451	20
41	96670647	97198620		99472027	102801370	19
42	96673054	97201690		99471364	102798309	18
43	96675459	97204759		99470700	102795240	17
44	96677863	97207826		99470036	102792173	16
45	96680265	97210893		99469372	102789106	15
46	96682665	97213958		99468707	102786041	14
47	96685064	97217022		99468042	102782977	13
48	96687461	97220085		99467376	102779914	12
49	96689856	97223146		99466709	102776853	11
50	96692249	97226206		99466043	102773793	10
51	96694641	97229266		99465375	102770734	9
52	96697031	97232324		99464708	102767676	8
53	96699420	97235380		99464039	102764619	7
54	96701807	97238436		99463371	102761563	6
55	96704192	97241090		99462702	102758509	5
56	96706575	97244541		99462032	102755456	4
57	96708957	97247595		99461362	102752404	3
58	96711337	97250646		99460691	102749354	2
59	96713716	97253695		99460020	102746304	1
60	96716091	97256743		99459349	102743256	0

M.	Sinus.	Tangens.	Gr.	Sinus.	Tangens.	M.
			28			
0	96716093	97256743		99459349	102743256	60
1	96718468	97259790		99458677	102740209	59
2	96720841	97262836		99458005	102737163	58
3	96723213	97265881		99457332	102734118	57
4	96725583	97268924		99456656	102731075	56
5	96727951	97271967		99455984	102728032	55
6	96730318	97275008		99455310	102724991	54
7	96732683	97278048		99454635	102721951	53
8	96735047	97281087		99453960	102718913	52
9	96737409	97284124		99453284	102715875	51
10	96739769	97287160		99452608	102712839	50
11	96742128	97290196		99451932	102709804	49
12	96744484	97293230		99451254	102706770	48
13	96746840	97296262		99450577	102703737	47
14	96749193	97299294		99449899	102700705	46
15	96751545	97302325		99449220	102697674	45
16	96753895	97305354		99448541	102694645	44
17	96756244	97308382		99447862	102691617	43
18	96758591	97311409		99447182	102688590	42
19	96760937	97314435		99446501	102685564	41
20	96763280	97317460		99445820	102682539	40
21	96765622	97320483		99445139	102679516	39
22	96767963	97323506		99444457	102676493	38
23	96770302	97326527		99443774	102673472	37
24	96772639	97329547		99443092	102670452	36
25	96774975	97332566		99442408	102667433	35
26	96777309	97335584		99441724	102664415	34
27	96779641	97338601		99441040	102661399	33
28	96781972	97341616		99440356	102658383	32
29	96784301	97344630		99439670	102655369	31
30	96786629	97347644		99438985	102652356	30
31	96788955	97350656		99438298	102649343	29
32	96791279	97353667		99437612	102646333	28
33	96793602	97356676		99436925	102643323	27
34	96795923	97359685		99436237	102640314	26
35	96798242	97362693		99435549	102637306	25
36	96800560	97365699		99434861	102634300	24
37	96802876	97368704		99434172	102631295	23
38	96805191	97371709		99433482	102628291	22
39	96807504	97374712		99432792	102625288	21
40	96809816	97377714		99432102	102622286	20
41	96812125	97380714		99431411	102619285	19
42	96814434	97383714		99430719	102616285	18
43	96816740	97386713		99430027	102613287	17
44	96819045	97389710		99429335	102610289	16
45	96821349	97392706		99428642	102607293	15
46	96823651	97395702		99427949	102604298	14
47	96825951	97398696		99427255	102601304	13
48	96828250	97401689		99426561	102598310	12
49	96830547	97404681		99425866	102595318	11
50	96832843	97407672		99425171	102592328	10
51	96835137	97410661		99424475	102589338	9
52	96837429	97413650		99423779	102586349	8
53	96839720	97416637		99423082	102583362	7
54	96842009	97419624		99422385	102580375	6
55	96844297	97422609		99421688	102577390	5
56	96846581	97425593		99420989	102574406	4
57	96848868	97428576		99420291	102571423	3
58	96851151	97431559		99419592	-02568442	2
59	96853432	97434540		99418892	102565460	1
60	96855712	97437520		99418192	102562480	0
			61			

M.	Sinus.	Tangens.	Gr.	Sinus.	Tangens.	M.
			29			
0	96855712	97437519		99418192	102562480	60
1	96857990	97440498		99417492	102559501	59
2	96860267	97443476		99416791	102556523	58
3	96862542	97446452		99416089	102553547	57
4	96864816	97449428		99415387	102550571	56
5	96867088	97452401		99414685	102547597	55
6	96869358	97455376		99413982	102544623	54
7	96871627	97458348		99413279	102541651	53
8	96873895	97461319		99412575	102538680	52
9	96876160	97464290		99411870	102535709	51
10	96878425	97467259		99411165	102532740	50
11	96880687	97470227		99410460	102529772	49
12	96882949	97473194		99409754	102526805	48
13	96885208	97476160		99409048	102523839	47
14	96887466	97479125		99408341	102520874	46
15	96889723	97482089		99407634	102517911	45
16	96891978	97485051		99406926	102514948	44
17	96894232	97488013		99406218	102511986	43
18	96896484	97490974		99405509	102509025	42
19	96898734	97493933		99404800	102506066	41
20	96900983	97496892		99404091	102503107	40
21	96903230	97499849		99403380	102500150	39
22	96905476	97502806		99402670	102497193	38
23	96907720	97505761		99401959	102494238	37
24	96909963	97508716		99401247	102491284	36
25	96912204	97511669		99400535	102488330	35
26	96914444	97514621		99399822	102485378	34
27	96916682	98517573		99399109	102482427	33
28	96918919	97520523		99398396	102479476	32
29	96921154	97523472		99397682	102476527	31
30	96923388	97526420		99396967	102473579	30
31	96925620	97529367		99396252	102470632	29
32	96927851	97532313		99395537	102467686	28
33	96930080	97535258		99394821	102464741	27
34	96932307	97538203		99394101	102461797	26
35	96934533	97541146		99393388	102458854	25
36	96936758	97544087		99392670	102455912	24
37	96938981	97547028		99391952	102452971	23
38	96941203	97549968		99391234	102450031	22
39	96943423	97552907		99390515	102447092	21
40	96945641	97555845		99389796	102444154	20
41	96947858	97558782		99389076	102441217	19
42	96950074	97561718		99388355	102438281	18
43	96952288	97564653		99387615	102435346	17
44	96954501	97567587		99386911	102432412	16
45	96956712	97570510		99386191	102429479	15
46	96958921	97573452		99385469	102426548	14
47	96961129	97576383		99384746	102423617	13
48	96963336	97579312		99384023	102420687	12
49	96965542	97582241		99383299	102417758	11
50	96967745	97585169		99382575	102414830	10
51	96969947	97588095		99381850	102411903	9
52	96972148	97591022		99381125	102408977	8
53	96974347	97593947		99380400	102406052	7
54	96976544	97596871		99379673	102403128	6
55	96978741	97599794		99378947	102400206	5
56	96980915	97602715		99378220	102397284	4
57	96983129	97605636		99377492	102394363	3
58	96985320	97608556		99376764	102391443	2
59	96987511	97611475		99376015	102388524	1
60	96989700	97614393		99375306	102385606	0
			60			

M.	Sinus.	Tangens.	Gr.	Sinus.	Tangens.	M.
			30			
0	96989700	97614393		99375306	102385606	60
1	96991887	97617310		99374576	102382689	59
2	96994071	97620226		99373846	102379773	58
3	96996257	97623141		99373116	102376858	57
4	96998440	97626056		99372385	102373944	56
5	97000622	97628969		99371653	102371031	55
6	97002802	97631881		99370921	102368118	54
7	97004981	97634792		99370188	102365207	53
8	97007158	97637702		99369455	102362297	52
9	97009333	97640611		99368722	102359388	51
10	97011508	97643520		99367988	102356480	50
11	97013680	97646427		99367253	102353572	49
12	97015852	97649333		99366518	102350666	48
13	97018021	97652238		99365783	102347761	47
14	97020190	97655143		99365047	102344856	46
15	97022357	97658046		99364310	102341953	45
16	97024522	97660949		99363573	102339050	44
17	97026686	97663850		99362836	102336149	43
18	97028849	97666751		99362098	102333248	42
19	97031010	97669652		99361359	102330349	41
20	97033170	97672549		99360620	102327450	40
21	97035328	97675447		99359881	102324552	39
22	97037485	97678344		99359141	102321655	38
23	97039641	97681240		99358400	102318759	37
24	97041795	97684135		99357659	102315864	36
25	97043947	97687029		99356918	102312971	35
26	97046098	97689922		99356176	102310078	34
27	97048248	97692814		99355434	102307185	33
28	97050396	97695705		99354691	102304294	32
29	97052543	97698595		99353947	102301404	31
30	97054688	97701485		99353203	102298515	30
31	97056832	97704373		99352459	102295626	29
32	97058975	97707260		99351714	102292739	28
33	97061116	97710147		99350969	102289852	27
34	97063256	97713032		99350223	102286967	26
35	97065394	97715927		99349477	102284082	25
36	97067531	97718801		99348730	102281198	24
37	97069666	97721684		99347982	102278316	23
38	97071800	97724565		99347234	102275434	22
39	97073933	97727446		99346486	102272553	21
40	97076064	97730327		99345737	102269673	20
41	97078194	97733206		99344988	102266794	19
42	97080322	97736084		99344238	102263915	18
43	97082449	97738961		99343488	102261038	17
44	97084575	97741838		99342737	102258162	16
45	97086699	97744713		99341986	102255286	15
46	97088822	97747588		99341233	102252411	14
47	97090943	97750461		99340481	102249538	13
48	97093063	97753334		99339728	102246665	12
49	97095181	97756206		99338975	102243793	11
50	97097298	97759077		99338221	102240922	10
51	97099414	97761947		99337467	102238052	9
52	97101528	97764816		99336712	102235183	8
53	97103641	97767684		99335957	102232315	7
54	97105753	97770552		99335201	102229448	6
55	97107863	97773418		99334445	102226581	5
56	97109972	97776284		99333688	102223715	4
57	97112079	97779148		99332931	102220851	3
58	97114185	97782012		99332173	102217987	2
59	97116290	97784875		99331414	102215124	1
60	97118393	97787737		99330656	102212262	0
			59			

M.	Sinus.	Tangens.	Gr.	Sinus.	Tangens.	M.
0	97118393	97787737	31	99330656	102212262	60
1	97120495	97790598		99329896	102209401	59
2	97122595	97793458		99329136	102206541	58
3	97124694	97796318		99328376	102203681	57
4	97126792	97799176		99327615	102200821	56
5	97128888	97802034		99326854	102197965	55
6	97130983	97804891		99326092	102195109	54
7	97133077	97807747		99325330	102192253	53
8	97135169	97810602		99324567	102189398	52
9	97137260	97813456		99323804	102186544	51
10	97139349	97816309		99323040	102183690	50
11	97141437	97819161		99322275	102180838	49
12	97143524	97822013		99321511	102177989	48
13	97145609	97824863		99320745	102175136	47
14	97147693	97827713		99319979	102172286	46
15	97149775	97830562		99319213	102169437	45
16	97151857	97833410		99318446	102166589	44
17	97153936	97836257		99317679	102163742	43
18	97156015	97839103		99316911	102160896	42
19	97158092	97841949		99316143	102158050	41
20	97160168	97844794		99315374	102155205	40
21	97162242	97847637		99314604	102152362	39
22	97164315	97850480		99313835	102149519	38
23	97166387	97853322		99313064	102146677	37
24	97168457	97856163		99312293	102143836	36
25	97170526	97859004		99311522	102140995	35
26	97172594	97861843		99310750	102138156	34
27	97174660	97864682		99309978	102135317	33
28	97176725	97867520		99309205	102132479	32
29	97178788	97870357		99308432	102129642	31
30	97180851	97873193		99307657	102126806	30
31	97182912	97876028		99306883	102123971	29
32	97184971	97878863		99306108	102121137	28
33	97187029	97881696		99305333	102118303	27
34	97189086	97884529		99304557	102115470	26
35	97191142	97887361		99303780	102112638	25
36	97193196	97890192		99303003	102109807	24
37	97195248	97893022		99302226	102106977	23
38	97197300	97895852		99301448	102104147	22
39	97199350	97898680		99300670	102101319	21
40	97201399	97901508		99299891	102098491	20
41	97203446	97904335		99299111	102095664	19
42	97205492	97907161		99298331	102092838	18
43	97207537	97909987		99297551	102090013	17
44	97209581	97912811		99296770	102087188	16
45	97211623	97915634		99295988	102084365	15
46	97213664	97918457		99295206	102081542	14
47	97215703	97921279		99294424	102078720	13
48	97217741	97924101		99293641	102075899	12
49	97219778	97926921		99292857	102073078	11
50	97221814	97929741		99292073	102070259	10
51	97223848	97932559		99291288	102067440	9
52	97225881	97935377		99290503	102064622	8
53	97227913	97938194		99289718	102061805	7
54	97229943	97941011		99288932	102058988	6
55	97231972	97943826		99288145	102056173	5
56	97233999	97946641		99287358	102053358	4
57	97236026	97949455		99286570	102050544	3
58	97238051	97952268		99285782	102047731	2
59	97240074	97955080		99284994	102044919	1
60	97242097	97957892		99284204	102042107	0
			58			

M.	Sinus.	Tangens.	Gr.	Sinus.	Tangens.	M.
			32			
0	97242097	97957892		99284204	102042107	60
1	97244118	97960703		99283415	102039297	59
2	97246138	97963513		99282625	102036487	58
3	97248156	97966322		99281834	102033678	57
4	97250173	97969130		99281043	102030869	56
5	97252189	97971938		99280251	102028062	55
6	97254203	97974744		99279459	102025255	54
7	97256217	97977550		99278666	102022449	53
8	97258229	97980356		99277873	102019644	52
9	97260239	97983160		99277079	102016839	51
10	97262249	97985964		99276285	102014036	50
11	97264257	97988766		99275490	102011233	49
12	97266263	97991568		99274695	102008431	48
13	97268269	97994370		99273899	102005629	47
14	97270273	97997170		99273103	102002829	46
15	97272276	97999970		99272306	102000029	45
16	97274278	98002769		99271508	101997230	44
17	97276278	98005567		99270711	101994432	43
18	97278277	98008364		99269912	101991635	42
19	97280275	98011161		99269113	101988838	41
20	97282271	[illegible]013957		99268314	101986042	40
21	97284266	98016752		99267514	101983247	39
22	97286260	98019546		99266713	101980453	38
23	97288253	98022340		99265913	101977659	37
24	97290244	98025132		99265111	101974867	36
25	97292234	98027924		99264309	101972075	35
26	97294223	98030716		99263507	101969283	34
27	97296210	98033506		99262704	101966493	33
28	97298196	98036296		99261900	101963703	32
29	97300181	98039085		99261096	101960914	31
30	97302165	98041873		99260292	101958126	30
31	97304147	98044660		99259486	101955339	29
32	97306128	98047447		99258681	101952552	28
33	97308108	98050233		99257875	101949766	27
34	97310087	98053018		99257068	101946981	26
35	97312064	98055803		99256261	101944196	25
36	97314040	98058586		99255453	101941413	24
37	97316015	98061369		99254545	101938610	23
38	97317988	98064151		99253836	101935848	22
39	97319960	98066933		99253027	101933066	21
40	97321931	98069714		99252218	101930285	20
41	97323901	98072494		99251407	101927506	19
42	97325870	98075273		99250596	101924726	18
43	97327817	98078051		99249785	101921948	17
44	97329803	98080829		99248971	101919170	16
45	97331767	98083606		99248161	101916393	15
46	97333731	98086382		99247348	101913617	14
47	97335693	98089158		99246535	101910842	13
48	97337654	98091932		99245721	101908067	12
49	97339613	98094707		99244906	101905293	11
50	97341572	98097480		99244092	101902519	10
51	97343529	98100252		99243276	101899747	9
52	97345485	98103024		99242460	101896975	8
53	97347440	98105796		99241644	101894204	7
54	97349393	98108566		99240827	101891433	6
55	97351345	98111336		99240009	101888663	5
56	97353296	98114105		99239191	101885894	4
57	97355246	98116873		99238372	101883126	3
58	97357194	98119640		99237553	101880359	2
59	97359141	97122407		99236734	101877592	1
60	97361087	98125173		99235914	101874826	0
			57			

M.	Sinus.	Tangens.	Gr.	Sinus.	Tangens.	M.
			33			
0	97361087	98125173		99235914	101874826	60
1	97363032	98127939		99235093	101872061	59
2	97364975	98130703		99234272	101869296	58
3	97366916	98133467		99233450	101866532	57
4	97368859	98136231		99232628	101863769	56
5	97370798	98138993		99231805	101861006	55
6	97372737	98141755		99230982	101858244	54
7	97374674	98144516		99230158	101855483	53
8	97376610	98147276		99229334	101852723	52
9	97378545	98150036		99228509	101849963	51
10	97380476	98152795		99227683	101847204	50
11	97382411	98155553		99226858	101844446	49
12	97384342	98158311		99226031	101841688	48
13	97386272	98161068		99225204	101838932	47
14	97388201	98163824		99224377	101836175	46
15	97390128	98166579		99223549	101833420	45
16	97392055	98169334		99222720	101830665	44
17	97393980	98172088		99221891	101827911	43
18	97395904	98174842		99221062	101825158	42
19	97397826	98177594		99220231	101822405	41
20	97399748	98180346		99219401	101819653	40
21	97401668	98183098		99218570	101816902	39
22	97403587	98185848		99217738	101814151	38
23	97405504	98188598		99216906	101811401	37
24	97407421	98191347		99216073	101808652	36
25	97409336	98194096		99215240	101805903	35
26	97411250	98196844		99214406	101803155	34
27	97413163	98199591		99213572	101800408	33
28	97415075	98202338		99212737	101797662	32
29	97416985	98205084		99211901	101794916	31
30	97418895	98207829		99211066	101792171	30
31	97420803	98210573		99210229	101789426	29
32	97422710	98213317		99209392	101786682	28
33	97424615	98216060		99208555	101783919	27
34	97426520	98218803		99207717	101781197	26
35	97428423	98221544		99206878	101778455	25
36	97430325	98224286		99206039	101775714	24
37	97432226	98227026		99205199	101772973	23
38	97434125	98229766		99204359	101770233	22
39	97436024	98232505		99203519	101767494	21
40	97437921	98235243		99202677	101764756	20
41	97439817	98237981		99201836	101762018	19
42	97441712	98240718		99200993	101759281	18
43	97443606	98243455		99200151	101756545	17
44	97445498	98246190		99199307	101753809	16
45	97447389	98248925		99198463	101751074	15
46	97449279	98251660		99197619	101748339	14
47	97451168	98254394		99196774	101745605	13
48	97453056	98257127		99195929	101742872	12
49	97454942	98259859		99195083	101740140	11
50	97456828	98262591		99194236	101737408	10
51	97458712	98265322		99193389	101734677	9
52	97460595	98268053		99192542	101731946	8
53	97462477	98270783		99191693	101729216	7
54	97464357	98273512		99190845	101726487	6
55	97466237	98276241		99189996	101723758	5
56	97468115	98278969		99189146	101721030	4
57	97469992	98281696		99188296	101718303	3
58	97471868	98284423		99187445	101715576	2
59	97473741	98287149		99186594	101712859	1
60	97475616	98289874		99185742	101710125	0

M.	Sinus.	Tangens.	Gr.	Sinus.	Tangens.	M.
0	97475616	98289874	34	99185742	101710125	60
1	97477489	98292599		99184889	101707400	59
2	97479360	98295323		99184036	101704676	58
3	97481230	98298046		99183183	101701953	57
4	97483099	98300769		99182329	101699230	56
5	97484966	98303491		99181474	101696508	55
6	97486833	98306213		99180619	101693786	54
7	97488698	98308934		99179764	101691065	53
8	97490562	98311654		99178908	101688345	52
9	97492425	98314374		99178051	101685626	51
10	97494287	98317093		99177194	101682906	50
11	97496148	98319811		99176336	101680188	49
12	97498007	98322529		99175478	101677470	48
13	97499865	98325246		99174619	101674753	47
14	97501723	98327963		99173760	101672037	46
15	97503579	98330678		99172900	101669321	45
16	97505433	98333394		99172039	101666605	44
17	97507287	98336108		99171178	101663891	43
18	97509140	98338822		99170317	101661177	42
19	97510991	98341536		99169455	101658463	41
20	97512841	98344249		99168592	101655751	40
21	97514690	98346961		99167729	101653039	39
22	97516538	98349672		99166865	101650327	38
23	97518385	98352383		99166001	101647616	37
24	97520230	98355094		99165137	101644906	36
25	97522075	98357803		99164271	101642196	35
26	97523918	98360513		99163405	101639487	34
27	97525760	98363221		99162539	101636778	33
28	97527601	98365929		99161672	101634070	32
29	97529441	98368636		99160805	101631363	31
30	97531280	98371343		99159937	101628656	30
31	97533117	98374049		99159068	101625950	29
32	97534954	98376754		99158199	101623245	28
33	97536789	98379459		99157330	101620540	27
34	97538623	98382163		99156460	101617836	26
35	97540456	98384867		99155589	101615132	25
36	97542282	98387570		99154718	101612429	24
37	97544119	98390273		99153846	101609726	23
38	97545948	98392975		99152973	101607025	22
39	97547777	98395676		99152101	101604323	21
40	97549604	98398377		99151227	101601623	20
41	97551430	98401077		99150353	101598922	19
42	97553255	98403776		99149479	101596223	18
43	97555079	98406475		99148604	101593524	17
44	97556902	98409173		99147728	101590826	16
45	97558723	98411871		99146852	101588128	15
46	97560544	98414568		99145975	101585431	14
47	97562363	98417265		99145098	101582734	13
48	97564182	98419961		99144220	101580038	12
49	97565999	98422656		99143342	101577343	11
50	97567815	98425351		99142463	101574648	10
51	97569630	98428045		99141584	101571954	9
52	97571443	98430739		99140704	101569260	8
53	97573256	98433432		99139823	101566567	7
54	97575067	98436125		99138942	101563875	6
55	97576878	98438817		99138061	101561183	5
56	97578687	98441508		99137179	101558491	4
57	97580495	98444199		99136296	101555801	3
58	97582302	98446889		99135413	101553110	2
59	97584108	98449579		99134529	101550431	1
60	97585913	98452267		99133645	101547732	0
			55			

M.	Sinus.	Tangent.	Gr.	Sinus.	Tangent.	M
			35			
0	97585913	98452267		99133645	101547732	60
1	97587716	98454956		99132760	101545041	59
2	97589519	98457644		99131875	101542355	58
3	97591320	98460331		99130989	101539668	57
4	97593120	98463018		99130102	101536981	56
5	97594920	98465704		99129215	101534295	55
6	97596718	98468390		99128327	101531609	54
7	97598515	98471075		99127439	101528924	53
8	97600310	98473759		99126551	101526240	52
9	97602105	98476444		99125661	101523556	51
10	97603899	98479127		99124772	101520872	50
11	97605691	98481810		99123881	101518189	49
12	97607483	98484492		99122990	101515507	48
13	97609273	98487174		99122099	101512825	47
14	97611062	98489855		99121207	101510144	46
15	97612850	98492536		99120314	101507463	45
16	97614637	98495216		99119421	101504783	44
17	97616423	98497895		99118528	101502104	43
18	97618208	98500574		99117633	101499425	42
19	97619992	98503253		99116739	1014[illegible]747	41
20	97621774	98505931		99115843	1014[illegible]069	40
21	97623556	98508608		99114948	101491391	39
22	97625336	98511285		99114051	101488714	38
23	97627116	98513961		99113154	101486038	37
24	97628894	98516637		99112257	101483362	36
25	97630671	98519312		99111359	101[illegible]80687	35
26	97632447	98521987		99110460	101478013	34
27	97634222	98524661		99109561	1014[illegible]339	33
28	97635995	98527334		99108661	1014[illegible]665	32
29	97637768	98530007		99107761	101469992	31
30	97639540	98532680		99106860	101467320	30
31	97641311	98535352		99105959	101464648	29
32	97643080	98538023		99105057	101461976	28
33	97644848	98540694		99104154	101459305	27
34	97646616	98543364		99103251	101456635	26
35	97648382	98546034		99102347	101453965	25
36	97650147	98548703		99101443	101451296	24
37	97651911	98551372		99100539	101448627	23
38	97653674	98554040		99099633	101445959	22
39	97655436	98556708		99098727	101443291	21
40	97657197	98559375		99097821	101440624	20
41	97658956	98562042		99096914	101437957	19
42	97660715	98564708		99096007	101435291	18
43	97662473	98567374		99095099	101432626	17
44	97664229	98570039		99094190	101429961	16
45	97665984	98572703		99093281	101427296	15
46	97667739	98575367		99092371	101424632	14
47	97669492	98578031		99091461	101421968	13
48	97671244	98580694		99090550	101419305	12
49	97672995	98583356		99089638	101416643	11
50	97674745	98586018		99088726	101413981	10
51	97676494	98588680		99087814	101411319	9
52	97678242	98591341		99086901	101408658	8
53	97679989	98594001		99085987	101405998	7
54	97681734	98596661		99085073	101403338	6
55	97683479	98599321		99084158	101400679	5
56	97685223	98601979		99083241	101398020	4
57	97686965	98604638		99082327	101395361	3
58	97688707	98607296		99081411	101392703	2
59	97690447	98609953		99080494	101390046	1
60	97692186	98612610		99079576	101387389	0
			54			

M.	Sinus.	Tangens.	Gr.	Sinus.	Tangens.	M.
			36			
0	97692186	98612610		99079576	101387389	60
1	97693925	98615266		99078658	101384733	59
2	97695662	98617922		99077739	101382077	58
3	97697398	98620578		99076820	101379421	57
4	97699133	98623233		99075900	101376767	56
5	97700867	98625887		99074980	101374112	55
6	97702600	98628541		99074059	101371458	54
7	97704332	98631194		99073137	101368805	53
8	97706063	98633847		99072215	101366152	52
9	97707793	98636500		99071293	101363500	51
10	97709521	98639152		99070369	101360848	50
11	97711249	98641803		99069446	101358196	49
12	97712976	98644454		99068521	101355545	48
13	97714701	98647104		99067596	101352895	47
14	97716425	98649754		99066671	101350245	46
15	97718149	98652404		99065745	101347595	45
16	97719872	98655053		99064818	101344946	44
17	97721593	98657701		99063891	101342298	43
18	97723313	98660349		99062964	101339650	42
19	97725033	98662997		99062035	101337002	41
20	97726751	98665644		99061106	101334355	40
21	97728468	98668291		99060177	101331709	39
22	97730184	98670517		99059247	101329062	38
23	97731899	98673582		99058317	101326417	37
24	97733613	98676227		99057385	101323772	36
25	97735[illegible]26	98678872		99056454	101321127	35
26	97737038	98681516		99055521	101318483	34
27	977[illegible]8749	98684160		99054589	101315839	33
28	977[illegible]0459	98686803		99053655	101313196	32
29	97742168	98689446		99052721	101310553	31
30	97743876	98692088		99051787	101307911	30
31	97745582	98694730		99050852	101305269	29
32	97747288	98697372		99049916	101302627	28
33	97748993	98700013		99048980	101299987	27
34	97750696	98702653		99048043	101297346	26
35	97752399	98705293		99047106	101294706	25
36	97754101	98707933		99046168	101292067	24
37	97755801	98710572		99045229	101289428	23
38	97757501	98713210		99044290	101286789	22
39	97759199	98715848		99043351	101284151	21
40	97760896	98718486		99042410	101281513	20
41	97762593	98721123		99041470	101278876	19
42	97764288	98723759		99040528	101276240	18
43	97765983	98726396		99039586	101273603	17
44	97767676	98729032		99038644	101270968	16
45	97769368	98731667		99037701	101268332	15
46	97771059	98734302		99036757	101265697	14
47	97772750	98736937		99035813	101263063	13
48	97774439	98739571		99034868	101260429	12
49	97776127	98742204		99033923	101257795	11
50	97777814	98744837		99032977	101255162	10
51	97779500	98747470		99032030	101252529	9
52	97781186	98750102		99031083	101249897	8
53	97782870	98752734		99030135	101247265	7
54	97784553	98755365		99029187	101244634	6
55	97786235	98757996		99028238	101242003	5
56	97787916	98760626		99027289	101239373	4
57	97789596	98763256		99026339	101236743	3
58	97791275	98765886		99025389	101234113	2
59	97792953	98768515		99024437	101231484	1
60	97794610	98771144		99023486	101228855	0
			53			

M.	Sinus.	Tangens.	Gr.	Sinus.	Tangens.	M.
			37			
0	97794630	98771144		99023486	101228855	60
1	97796306	98773772		99022531	101226237	59
2	97797981	98776400		99021581	101223599	58
3	97799655	98779027		99020627	101220972	57
4	97801328	98781654		99019673	101218345	56
5	97803000	98784280		99018719	101215719	55
6	97804670	98786907		99017764	101213093	54
7	97806340	98789532		99016808	101210467	53
8	97808009	98792157		99015852	101207842	52
9	97809677	98794782		99014895	101205217	51
10	97811344	98797406		99013937	101202593	50
11	97813010	98800030		99012979	101199969	49
12	97814675	98802654		99012021	101197345	48
13	97816339	98805277		99011061	101194722	47
14	97818001	98807899		99010102	101192100	46
15	97819663	98810522		99009141	101189478	45
16	97821324	98813143		99008180	101186856	44
17	97822984	98815765		99007219	101184234	43
18	97824643	98818386		99006257	101181613	42
19	97826301	98821006		99005294	101178993	41
20	97827957	98823626		99004331	101176373	40
21	97829611	98826246		99003367	101173753	39
22	97831268	98828865		99002402	101171134	38
23	97832922	98831484		99001437	101168515	37
24	97834575	98834103		99000472	101165897	36
25	97836227	98836721		98999506	101163279	35
26	97837877	98839338		98998539	101160661	34
27	97839527	98841955		98997572	101158044	33
28	97841176	98844572		98996604	101155427	32
29	97842824	98847188		98995615	101152811	31
30	97844471	98849804		98994666	101150195	30
31	97846117	98852420		98993696	101147579	29
32	97847762	98855035		98992726	101144964	28
33	97849406	98857650		98991755	101142349	27
34	97851048	98860264		98990784	101139735	26
35	97852690	98862878		98989812	101137121	25
36	97854331	98865492		98988839	101134508	24
37	97855971	98868105		98987866	101131894	23
38	97857610	98870717		98986892	101129282	22
39	97859248	98873330		98985918	101126669	21
40	97860885	98875942		98984943	101124057	20
41	97862521	98878553		98983968	101121446	19
42	97864156	98881164		98982992	101118835	18
43	97865790	98883775		98982015	101116224	17
44	97867423	98886385		98981038	101113614	16
45	97869055	98888995		98980060	101111004	15
46	97870687	98891605		98979081	101108394	14
47	97872317	98894214		98978102	101105785	13
48	97873946	98896823		98977123	101103176	12
49	97875574	98899432		98976142	101100568	11
50	97877201	98902039		98975162	101097960	10
51	97878827	98904647		98974180	101095352	9
52	97880453	98907254		98973198	101092745	8
53	97882077	98909861		98972216	101090138	7
54	97883700	98912467		98971232	101087532	6
55	97885323	98915073		98970249	101084926	5
56	97886944	98917679		98969264	101082320	4
57	97888564	98920284		98968279	101079715	3
58	97890184	98922889		98967294	101077110	2
59	97891802	98925494		98966308	101074505	1
60	97893419	98928098		98965321	101071901	0
			52			

M.	Sinus.	Tangens.	Gr.	Sinus.	Tangens.	M.
			38			
0	97893419	98928098		98965321	101071901	60
1	97895036	98930702		98964314	101069297	59
2	97896651	98933305		98963346	101066694	58
3	97898266	98935908		98962357	101064091	57
4	97899880	98938511		98961368	101061488	56
5	97901492	98941113		98960379	101058886	55
6	97903104	98943715		98959388	101056284	54
7	97904714	98946317		98958398	101053683	53
8	97906324	98948918		98957406	101051081	52
9	97907933	98951519		98956414	101048481	51
10	97909541	98954119		98955421	101045880	50
11	97911148	98956719		98954428	101043280	49
12	97912753	98959319		98953434	101040680	48
13	97914358	98961918		98952440	101038081	47
14	97915962	98964517		98951445	101035482	46
15	97917565	98967116		98950449	101032884	45
16	97919167	98969714		98949453	101030285	44
17	97920768	98972312		98948456	101027687	43
18	97922368	98974909		98947459	101025090	42
19	97923968	98977507		98946461	101022493	41
20	97925566	98980103		98945462	101019896	40
21	97927163	98982700		98944463	101017100	39
22	97928759	98985296		98943463	101014704	38
23	97930355	98987891		98942463	101012108	37
24	97931949	98990487		98941462	101009512	36
25	97933542	98993082		98940460	101006917	35
26	97935135	98995677		98939458	101004323	34
27	97936726	98998271		98938455	101001728	33
28	97938317	99000865		98937452	100999134	32
29	97939907	99003458		98936448	100996541	31
30	97941495	99006052		98935443	100993948	30
31	97943083	99008644		98934438	100991355	29
32	97944670	99011237		98933432	100988762	28
33	97946256	99013829		98932425	100986170	27
34	97947840	99016421		98931419	100983578	26
35	97949424	99019013		98930411	100980987	25
36	97951007	99021604		98929403	100978395	24
37	97952590	99024195		98928394	100975804	23
38	97954171	99026785		98927385	100973214	22
39	97955751	99029375		98926375	100970624	21
40	97957330	99031965		98925364	100968034	20
41	97958908	99034555		98924353	100965445	19
42	97960486	99037144		98923341	100962855	18
43	97962062	99039733		98922329	100960267	17
44	97963637	99042321		98921316	100957678	16
45	97965212	99044909		98920302	100955090	15
46	97966785	99047497		98919288	100952502	14
47	97968358	99050084		98918274	100949915	13
48	97969930	99052672		98917258	100947328	12
49	97971501	99055258		98916243	100944741	11
50	97973070	99057845		98915225	100942154	10
51	97974639	99060431		98914208	100939568	9
52	97976207	99063017		98913190	100936983	8
53	97977774	99065602		98912172	100934397	7
54	97979341	99068188		98911153	100931812	6
55	97980906	99070772		98910133	100929227	5
56	97982470	99073357		98909113	100926643	4
57	97984033	99075941		98908092	100924058	3
58	97985596	99078525		98907070	100921474	2
59	97987157	99081109		98906048	100918891	1
60	97988718	99083692		98905026	100916307	0
			51			

M.	Sinus.	Tangens.	Gr.	Sinus.	Tangens.	M.
			39			
0	97988718	99083692		98905026	100916307	60
1	97990277	99086275		98904002	100913724	59
2	97991836	99088857		98902978	100911142	58
3	97993374	99091440		98901954	100908560	57
4	97994950	99094022		98900929	100905978	56
5	97996506	99096603		98899903	100903396	55
6	97998061	99099184		98898877	100900815	54
7	97999615	99101765		98897850	100898234	53
8	98001168	99104346		98896822	100895653	52
9	98002721	99106927		98895794	100893073	51
10	98004272	99109507		98894765	100890493	50
11	98005822	99112086		98893736	100887913	49
12	98007372	99114666		98892706	100885333	48
13	98008920	99117245		98891675	100882754	47
14	98010468	99119824		98890644	100880175	46
15	98012015	99122402		98889612	109877597	45
16	98013560	99124981		98888579	100875019	44
17	98015105	99127558		98887546	100872441	43
18	98016649	99130136		98886513	100869863	42
19	98018192	99132714		98885478	100867286	41
20	98019734	99135291		98884443	100864709	40
21	98021275	99137867		98883408	100862132	39
22	98022816	99140444		98882372	100859559	38
23	98024355	99143020		98881335	100856980	37
24	98025893	99145596		98880297	100854404	36
25	98027431	99148171		98879259	100851828	35
26	98028967	99150746		98878221	100849253	34
27	98030503	99153321		98877182	100846678	33
28	98032038	99155896		98876142	100844103	32
29	98033572	99158470		98875101	100841529	31
30	98035105	99161044		98874060	100838955	30
31	98036637	99163618		98873018	100836381	29
32	98038168	99166192		98871976	100833808	28
33	98039698	99168765		98870933	100831234	27
34	98041228	99171338		98869890	100828661	26
35	98042756	99173910		98868845	100826089	25
36	98044284	99176483		98867801	100823517	24
37	98045810	99179055		98866755	100820944	23
38	98047336	99181626		98865709	100818373	22
39	98048861	99184198		98864663	100815801	21
40	98050385	99186769		98863615	100813230	20
41	98051908	99189340		98862567	100810659	19
42	98053430	99191911		98861519	100808089	18
43	98054951	99194481		98860470	100805518	17
44	98056471	99197051		98859420	100802948	16
45	98057991	99199621		98858370	100800378	15
46	98059509	99202190		98857319	100797809	14
47	98061027	99204760		98856267	100795240	13
48	98062544	99207328		98855215	100792671	12
49	98064060	99209897		98854162	100790103	11
50	98065575	99212466		98853108	100787533	10
51	98067088	99215034		98852054	100784965	9
52	98068602	99217602		98851000	100782397	8
53	98070114	99220169		98849944	100779830	7
54	98071625	99222737		98848888	100777263	6
55	98073136	99225304		98847832	100774695	5
56	98074645	99227870		98846774	100772129	4
57	98076154	99230437		98845717	100769562	3
58	98077662	99233003		98844658	100766996	2
59	98079169	99235569		98843599	100764430	1
60	98080675	99238135		98842539	100761864	0
			50			

M.	Sinus.	Tangens.	Gr.	Sinus.	Tangens.	M.
			40			
0	98080675	99238135		98842533	100761864	60
1	98082180	99240700		98841479	100759299	59
2	98083684	99243266		98840418	100756734	58
3	98085187	99245831		98839356	100754169	57
4	98086690	99248395		98838294	100751604	56
5	98088191	99250960		98837231	100749039	55
6	98089692	99253524		98836166	100746475	54
7	98091192	99256088		98835104	100743911	53
8	98092692	99258651		98834019	100741348	52
9	98094189	99261215		98832973	100738784	51
10	98095686	99263778		98831907	100736221	50
11	98097182	99266341		98830841	100733658	49
12	98098677	99268903		98829774	100731096	48
13	98100172	99271466		98828706	100728533	47
14	98101665	99274028		98827637	100725971	46
15	98103158	99276590		98826568	100723409	45
16	98104650	99279152		98825498	100720848	44
17	98106141	99281713		98824428	100718285	43
18	98107631	99284274		98823357	100715725	42
19	98109120	99286835		98822285	100713164	41
20	98110609	99289396		98821213	100710604	40
21	98112096	99291956		98820140	100708043	39
22	98113583	99294516		98819066	100705483	38
23	98115068	99297076		98817992	100702923	37
24	98116551	99299636		98816917	100700364	36
25	98118037	99302195		98815842	100697804	35
26	98119520	99304754		98814766	100695246	34
27	98121002	99307313		98813689	100692686	33
28	98122484	99309872		98812611	100690127	32
29	98123964	99312430		98811533	100687569	31
30	98125444	99314989		98810455	100685011	30
31	98126922	99317547		98809375	100682452	29
32	98128400	99320104		98808295	100579895	28
33	98129877	99322662		98807215	100677337	27
34	98131353	99325219		98806134	100674780	26
35	98132829	99327776		98805052	100672223	25
36	98134303	99330333		98803969	100669666	24
37	98135776	99332890		98802886	100667109	23
38	98137249	99335446		98801803	100664553	22
39	98138721	99338002		98800718	100661997	21
40	98140192	99340558		98799633	100659441	20
41	98141662	99343114		98798547	100656885	19
42	98143132	99345669		98797461	100654330	18
43	98144599	99348225		98796374	100651775	17
44	98146067	99350780		98795287	100649220	16
45	98147533	99353334		98794199	100646665	15
46	98148999	99355889		98793110	100644110	14
47	98150464	99358443		98792020	100641556	13
48	98151928	99360997		98790930	100639002	12
49	98153391	99363552		98789839	100636448	11
50	98154853	99366105		98788748	100633894	10
51	98156315	99368659		98787656	100631341	9
52	98157775	99371212		98786563	100628787	8
53	98159235	99373765		98785470	100626234	7
54	98160694	99376318		98784376	100623682	6
55	98162152	99378870		98783281	100621129	5
56	98163609	99381423		98782186	100618576	4
57	98165065	99383975		98781090	100616024	3
58	98166521	99386527		98779993	100613472	2
59	98167975	99389079		98778896	100610921	1
60	98169429	99391630		98777798	100608369	0
			49			

M.	Sinus.	Tangens.	Gr.	Sinus.	Tangens.	M.
			41			
0	98169439	99391630		98777798	100608369	60
1	98170882	99394182		98776700	100605818	59
2	98172314	99396733		98775601	100603266	58
3	98173785	99399284		98774501	100600716	57
4	98175335	99401834		98773400	100598165	56
5	98176684	99404385		98772299	100595614	55
6	98178133	99406935		98771198	100593064	54
7	98179581	99409485		98770095	100590514	53
8	98181028	99412035		98768992	100587964	52
9	98182474	99414585		98767888	100585414	51
10	98183919	99417134		98766784	100582865	50
11	98185363	99419684		98765679	100580316	49
12	98186807	99422233		98764574	100577766	48
13	98188249	99424782		98763467	100575217	47
14	98189691	99427331		98762360	100572669	46
15	98191132	99429879		98761251	100570120	45
16	98192572	99432427		98760145	100567572	44
17	98194012	99434976		98759036	100565024	43
18	98195450	99437523		98757926	100562476	42
19	98196888	99440071		98756816	100559928	41
20	98198324	99442619		98755705	100557380	40
21	98199760	99445166		98754594	100554833	39
22	98201195	99447713		98753481	100552286	38
23	98202629	99450260		98752369	100549739	37
24	98204063	99452807		98751255	100547192	36
25	98205495	99455354		98750141	100544645	35
26	98206927	99457900		98749027	100542099	34
27	98208358	99460446		98747911	100539553	33
28	98209788	99462992		98746795	100537007	32
29	98211217	99465538		98745679	100534461	31
30	9[illegible]12645	99468084		98744561	100531915	30
31	98214073	99470629		98743443	100529370	29
32	98215500	99473175		98742324	100526824	28
33	98216925	99475720		98741205	100524279	27
34	98218359	99478265		98740085	100521734	26
35	98219774	99480810		98738964	100519190	25
36	98221198	99483354		98737843	100516645	24
37	98222620	99485899		98736721	100514101	23
38	98224042	99488443		98735599	100511556	22
39	98225463	99490987		98734475	100509012	21
40	98226883	99493531		98733351	100506468	20
41	98228302	99496075		98732227	100503925	19
42	98229720	99498618		98731102	100501381	18
43	98231138	99501162		98729976	100498837	17
44	98232554	99503705		98728849	100496294	16
45	98233970	99506248		98727722	100493751	15
46	98235385	99508791		98726594	100491208	14
47	98236799	99511334		98725465	100488666	13
48	98238213	99513870		98724336	100486123	12
49	98239625	99516418		98723206	100483581	11
50	98241037	99518961		98722076	100481039	10
51	98242448	99521503		98720945	100478496	9
52	98243858	99524043		98719813	100475955	8
53	98245267	99526586		98718680	100473413	7
54	98246675	99529128		98717547	100470871	6
55	98248083	99531669		98716413	100468330	5
56	98249490	99534211		98715279	100465789	4
57	98250896	99536752		98714144	100463247	3
58	98252301	99539293		98713008	100460707	2
59	98253705	99541833		98711871	100458166	1
60	98255109	99544374		98710734	100455625	0
			48			

M.	Sinus.	Tangens.	Gr.	Sinus.	Tangens.	M.
			42			
0	98255109	99544374		98710734	100455625	60
1	98256511	99546914		98709596	100453085	59
2	98257913	99549455		98708458	100450545	58
3	98259314	99551995		98707319	100448004	57
4	98260714	99554535		98706179	100445464	56
5	98262114	99557075		98705038	100442924	55
6	98263512	99559615		98703897	100440385	54
7	98264910	99562154		98702755	100437845	53
8	98266307	99564691		98701613	100435306	52
9	98267703	99567231		98700470	100432766	51
10	98269098	99569772		98699326	100430227	50
11	98270493	99572311		98698181	100427688	49
12	98271886	99574850		98697036	100425150	48
13	68273279	99577388		98695890	100422611	47
14	98274671	99579927		98694744	100420072	46
15	98276062	99582465		98693597	100417534	45
16	98277453	99585003		98692449	100414996	44
17	98278842	99587541		98691300	100412458	43
18	98280231	99590079		98690151	100409920	42
19	98281619	99592617		98689001	100407382	41
20	98283006	99595155		98687851	100404844	40
21	98284392	99597692		98686700	100402307	39
22	98285778	99600230		98685548	100399769	38
23	98287163	99602767		98684395	100397232	37
24	98288547	99605304		98683242	100394695	36
25	98289930	99607841		98682088	100392158	35
26	98291312	99610378		98680934	100389621	34
27	98292693	99612915		98679778	100387084	33
28	98294074	99615451		98678622	100384548	32
29	98295454	99617988		98677466	100382011	31
30	98296833	99620524		98676308	100379[illegible]75	30
31	98298211	99623061		98675150	100376939	29
32	98299589	99625597		98673992	100374403	28
33	98100965	99628133		98672833	100371867	27
34	98302341	99630668		98671673	100369331	26
35	98303716	99633204		98670512	100366795	25
36	98305091	99635740		98669351	100364260	24
37	98306464	99638275		98668189	100361724	23
38	98307837	99640810		98667026	100359189	22
39	98309208	99643346		98665863	100356654	21
40	98310579	99645881		98664698	100354119	20
41	98311950	99648416		98663534	100351584	19
42	98313319	99650950		98662368	100349049	18
43	98314688	99653485		98661202	100346514	17
44	98316056	99656020		98660036	100343979	16
45	98317423	99658554		98658868	100341445	15
46	98318789	99661089		98657700	100338910	14
47	98320154	99663623		98656531	100336376	13
48	98321519	99666157		98655362	100333842	12
49	98322883	99668691		98654191	100331308	11
50	98324246	99671225		98653021	100328774	10
51	98325608	99673759		98651849	100326240	9
52	98326970	99676293		98650677	100323707	8
53	98328330	99678826		98649504	100321173	7
54	98329690	99681360		98648330	100318640	6
55	98331049	99683893		98647156	100316106	5
56	98332408	99686426		98645981	100313573	4
57	98333765	99688959		98644805	100311040	3
58	98335122	99691493		98643629	100308507	2
59	98336478	99694026		98642452	100305974	1
60	98337833	99696558		92641274	100303441	0
			47			

M.	Sinus.	Tangens.	Gr.	Sinus.	Tangens.	M.
			43			
0	98337831	99696558		98641274	100303441	60
1	98339187	99699091		98640096	100300908	59
2	98340541	99701624		98638917	100298376	58
3	98341894	99704156		98637737	100295843	57
4	98343246	99706689		98636556	100293310	56
5	98344597	99709221		98635375	100290778	55
6	98345947	99711753		98634194	100288246	54
7	98347297	99714285		98633011	100285714	53
8	98348646	99716817		98631828	100283182	52
9	98349994	99719349		98630644	100280650	51
10	98351341	99721881		98629459	100278118	50
11	98352687	99724413		98628274	100275586	49
12	98354033	99726945		98627088	100273055	48
13	98355378	99729476		98625901	100270523	47
14	98356722	99732008		98624714	100267991	46
15	98358065	99734519		98623525	100265460	45
16	98359408	99737071		98622337	100262929	44
17	98360750	99739602		98621148	100260397	43
18	98322091	99742133		98619958	100257866	42
19	98361431	99744664		98618767	100255335	41
20	98364770	99747195		98617575	100252804	40
21	98366109	99749726		98616383	100250274	39
22	98367447	99752256		98615190	100247743	38
23	98368784	99754787		98613996	100245212	37
24	98370120	99757318		98612802	100242682	36
25	98371456	99759848		98611607	100240151	35
26	98372790	99762379		98610411	100237621	34
27	98374124	99764909		98609215	100235090	33
28	98375457	99767439		98608018	100232560	32
29	98376790	99769969		98606820	100230030	31
30	98378122	99772500		98605622	100227500	30
31	98379453	99775030		98604423	100224970	29
32	98380783	99777560		98603223	100222440	28
33	98382112	99780090		98602022	100219910	27
34	98383441	99782619		98600821	100217180	26
35	98384768	99785149		98599619	100214850	25
36	98386095	99787679		98598416	100212120	24
37	98387421	99790208		98597213	100209791	23
38	98388747	99792738		98596009	100207261	22
39	98390072	99795267		98594804	100204732	21
40	98391396	99797797		98593598	100202202	20
41	98392719	99800326		98592392	100199673	19
42	98394041	99802855		98591185	100197144	18
43	98395363	99805385		98589978	100194615	17
44	98396683	99807914		98588769	100192086	16
45	98398003	99810443		98587560	1001895-57	15
46	98399323	99812972		98586351	100187027	14
47	98400641	99815501		98585140	100184498	13
48	98401959	99818030		98583929	100181970	12
49	98403276	99820558		98582717	100179441	11
50	98404592	99823087		98581505	100176912	10
51	98405908	99825616		98580291	100174383	9
52	98407222	99828145		98579077	100171855	8
53	98408536	99830573		98577863	100169326	7
54	98409849	99833202		98576648	100166798	6
55	98411162	99835730		98575432	100164269	5
56	98412473	99838258		98574215	100161741	4
57	98413784	99840787		98572997	100159212	3
58	98415094	99843315		98571779	100156684	2
59	98416404	99845843		98570560	100154156	1
60	98417712	99848371		98569341	100151628	0
			46			

M.	Sinus.	Tangens.	Gr.	Sinus.	Tangens.	M.
			44			
0	98417712	99848371		98569341	100151638	60
1	98419020	99850900		98568120	100149100	59
2	98420327	99853428		98566899	100146572	58
3	98421634	99855956		98565677	100144043	57
4	98422939	99858484		98564455	100141515	56
5	98424244	99861012		98563232	100138987	55
6	98425548	99863540		98562008	100136460	54
7	98426851	99866067		98560783	100133932	53
8	98428154	99868595		98559558	100131404	52
9	98429455	99871123		98558332	100128876	51
10	98430756	99873651		98557105	100126349	50
11	98432057	99876178		98555878	100123821	49
12	98433356	99878706		98554650	100121293	48
13	98434655	99881234		98553421	100118766	47
14	98435953	99883761		98552191	100116238	46
15	98437250	99886289		98550961	100113711	45
16	98438546	99888816		98549730	100111183	44
17	98439842	99891344		98548498	100108656	43
18	98441137	99893871		98547266	100106128	42
19	98442431	99896398		98546033	100103601	41
20	98443725	99898926		98544799	100101074	40
21	98445017	99901453		98543564	100098546	39
22	98446309	99903980		98542329	100096019	38
23	98447606	99906507		98541093	100093492	37
24	98448891	99909035		98539856	100090965	36
25	98450181	99911562		98538618	100088437	35
26	98451496	99914089		98537380	100085910	34
27	98452758	99916616		98536141	100083383	33
28	98454045	99919143		98534902	100080856	32
29	98455332	99921670		98533661	100078329	31
30	98456618	99924197		98532420	100075802	30
31	98457903	99926724		98531178	100073275	29
32	98459187	99929251		98529936	100070748	28
33	98460471	99931778		98528693	100068221	27
34	98461754	99934305		98527449	100065694	26
35	98463036	99936832		98526204	100063167	25
36	98464317	99939359		98524958	100060641	24
37	98465598	99941886		98523712	100058114	23
38	98466878	99944412		98522465	100055587	22
39	98468157	99946939		98521218	100053060	21
40	98469436	99949466		98519969	100050533	20
41	98470713	99951993		98518720	100048006	19
42	98471991	99954520		98517471	100045480	18
43	98473267	99957047		98516220	100042953	17
44	98474542	99959573		98514969	100040426	16
45	98475817	99962100		98513717	100037899	15
46	98477091	99964627		98512464	100035373	14
47	98478364	99967153		98511211	100032846	13
48	98479637	99969680		98509957	100030319	12
49	98480909	99972207		98508702	100027793	11
50	98482180	99974733		98507446	100025266	10
51	98483450	99977260		98506190	100022739	9
52	98484720	99979787		98504933	100020213	8
53	98485988	99982313		98503675	100017686	7
54	98487257	99984840		98502416	100015159	6
55	98488524	99987367		98501157	100012633	5
56	98489790	99989893		98499897	100010106	4
57	98491056	99992420		98498636	100007579	3
58	98492321	99994946		98497375	100005053	2
59	98493586	99997473		98496113	100002526	1
60	98494850	10000000		98494850	100000000	0
			45			

S'ENSVIT la troisiéme Table, contenant les differences des Sinus, de chacun degré & demy degré du Quadrant.

Differences des Sinus pour

	Demydegrez.	Degrez.		Demydegrez.	Degrez.
·	79408418		·	64988	
1	3010135	82418553	31	63705	128693
·	1760637		·	62458	
2	1249008	3009638	32	61245	123704
·	968604		·	60068	
3	791206	1759810	33	58922	118990
·	668751		·	57808	
4	579093	1247844	34	56721	114529
·	520588		·	55664	
5	456527	967125	35	54613	110297
·	412768		·	53627	
6	376617	789385	36	52646	106273
·	346242		·	51690	
7	320357	666599	37	50754	102444
·	298032		·	49841	
8	276577	576603	38	48948	98789
·	261467		·	48076	
9	246304	507771	39	47223	95299
·	232768		·	46387	
10	220610	453378	40	45570	91957
·	209628		·	44769	
11	199658	409286	41	43985	88754
·	190565		·	43216	
12	182236	372801	42	42464	85680
·	174578		·	41724	
13	167513	342091	43	41000	82724
·	160972		·	40289	
14	154899	315872	44	39590	79879
·	149245		·	38906	
15	143966	293211	45	38232	77138
·	139036		·	37570	
16	134392	273418	46	36921	74491
·	130038		·	36281	
17	125935	255973	47	35652	71933
·	122085		·	35034	
18	118405	240470	48	34426	69460
·	114941		·	33827	
19	111655	226596	49	33237	67064
·	108533		·	32657	
20	105564	214097	50	32084	64741
·	102737		·	31521	
21	100038	202775	51	30966	62487
·	97463		·	30417	
22	95000	192463	52	29878	60295
·	92642		·	29345	
23	90384	183026	53	28820	58165
·	88237		·	28301	
24	86136	174353	54	27789	56090
·	84116		·	27284	
25	82213	166349	55	26785	54069
·	80361		·	26292	
26	78576	158937	56	25805	52097
·	76855		·	25324	
27	75193	152048	57	24848	50172
·	73589		·	24378	
28	72037	145626	58	23912	48290
·	70536		·	23453	
29	69083	139619	59	22999	46452
·	67676		·	22547	
30	66312	133988	60	22103	44650

Differences des Sinus pour					
	Demydegrez.	Degrez.		Demydegrez.	Degrez.
•	21661		•	9979	
61	21225	42886	76	9625	19604
•	20793		•	9274	
62	20364	41157	77	8924	18198
•	19940		•	8576	
63	19519	39459	78	8229	16805
•	19103		•	7883	
64	18690	37793	79	7538	15421
•	18281		•	7196	
65	17875	36156	80	6853	14049
•	17472		•	6513	
66	17072	34544	81	6172	12685
•	16676		•	5833	
67	16283	32959	82	5495	11328
•	15893		•	5158	
68	15505	31398	83	4822	9980
•	15121		•	4485	
69	14738	29859	84	4151	8636
•	14359		•	3816	
70	13982	28341	85	3483	7299
•	13607		•	3149	
71	13235	26842	86	2816	5965
•	12865		•	2485	
72	12498	25363	87	2152	4637
•	12132		•	1820	
73	11768	23900	88	1489	3309
•	11406		•	1158	
74	11047	22453	89	827	1985
•	10689		•	496	
75	10332	21021	90	166	662

S'ENSVIT la quatriéme Table, contenant les differences des Tangentes, de chacun degré & demy degré du Quadrant.

Differences des Tangentes pour

	Demy degr.	Degrez.			Demy deg.	Degrez.	
•	79408584		•	23	106276	214424	67
1	5010630	82419214	89	•	104500		•
•	1761464		•	24	102812	207312	66
2	1250160	3011624	88	•	101209		•
•	970091		•	25	99685	200894	65
3	791026	1763123	87	•	98236		•
•	670903		•	26	96856	195092	64
4	581577	1252480	86	•	95545		•
•	513404		•	27	94296	189841	63
5	459676	971080	85	•	93108		•
•	416252		•	28	91977	185085	62
6	380413	756685	84	•	90901		•
•	350393		•	29	89876	180775	61
7	324842	675235	83	•	88900		•
•	302854		•	30	87973	176874	60
8	283734	586588	82	•	87092		•
•	266963		•	31	86252	173344	59
9	252117	519100	81	•	85456		•
•	238940		•	32	84699	170155	58
10	227122	466061	80	•	83981		•
•	216482		•	33	83300	167281	57
11	206853	423335	79	•	82656		•
•	198104		•	34	82045	164708	56
12	190119	388223	78	•	81469		•
•	182807		•	35	80924	162393	55
13	176083	358896	77	•	80413		•
•	169896		•	36	79930	160343	54
14	164173	334069	76	•	79478		•
•	158870		•	37	79056	158534	53
15	153947	312814	75	•	78660		•
•	149359		•	38	78294	156954	52
16	145081	294440	74	•	77954		•
•	141034		•	39	77640	155594	51
17	137342	278426	73	•	77352		•
•	133813		•	40	77091	154443	50
18	130517	264370	72	•	76854		•
•	127438		•	41	76641	153495	49
19	124520	251958	71	•	76454		•
•	121769		•	42	76290	152744	48
20	119171	240940	70	•	76156		•
•	116718		•	43	76034	152184	47
21	114398	231116	69	•	75943		•
•	112201		•	44	75873	151813	46
22	110120	222321	68	•	75826		•
•	108148		•	45	75803	151628	45

Fautes à corriger.

PAge 2. ligne 20. EDC,E : *lisez* ED,EC. lig. 30. apres AEDC ; *adioustez* quand on parle d'vn arc ; mais la demy aire du cercle, quand on parle d'vn angle. Pag. 10. lig. 34. *lisez* au quarré. Pag. 14. lig 7. apres multipliées, *adioustez* l'vne par l'autre. lig. 16. apres multipliées, *adioustez* l'vne par l'autre. Pag. 15. lig. 13. *lisez* conuiennent. Pag. 19. lig. 14. apres l'autre, *adioustez* & les costez AB, BD complement l'vn de l'autre. Pag. 20. lig. 31. *lisez* grande. Pag. 30. lig. 13. *lisez* chap. 3. lig. 21. *lisez* donc pour toutes ces causes les deux. Pag. 43. lig. 31. *lisez* sinus de BF. Pag. 45. lig. 8. *lisez* donnez les deux lig. 10. *lisez* l'angle. Pag. 52. lig. 7. *lisez* ABEG. Pag. 74. lig. 27. *lisez* il se mit. Pag. 81. lig. 8. *lisez* 3. theor. Pag. 98. lig. 6. *lisez* chap. 3.

Quant aux Tables, i'ay apporté tout le soin qu'il m'a esté possible à leur correction ; non seulement pour le public, mais aussi pour mon particulier, afin que ie me puisse fier à leur vsage, duquel i'ay souuent besoin. Ie n'y sçay donc que ces deux fautes. En la tangente de 86 degr. 34 min. *lisez* 1122218864. En la tangente de 18 degr. 60 min. *lisez* 95369718. Si tu en trouues d'autres (Amy Lecteur) les corrigeant tu excuseras la difficulté d'estre exact en ce trauail, auquel ie ne suis des plus propres.

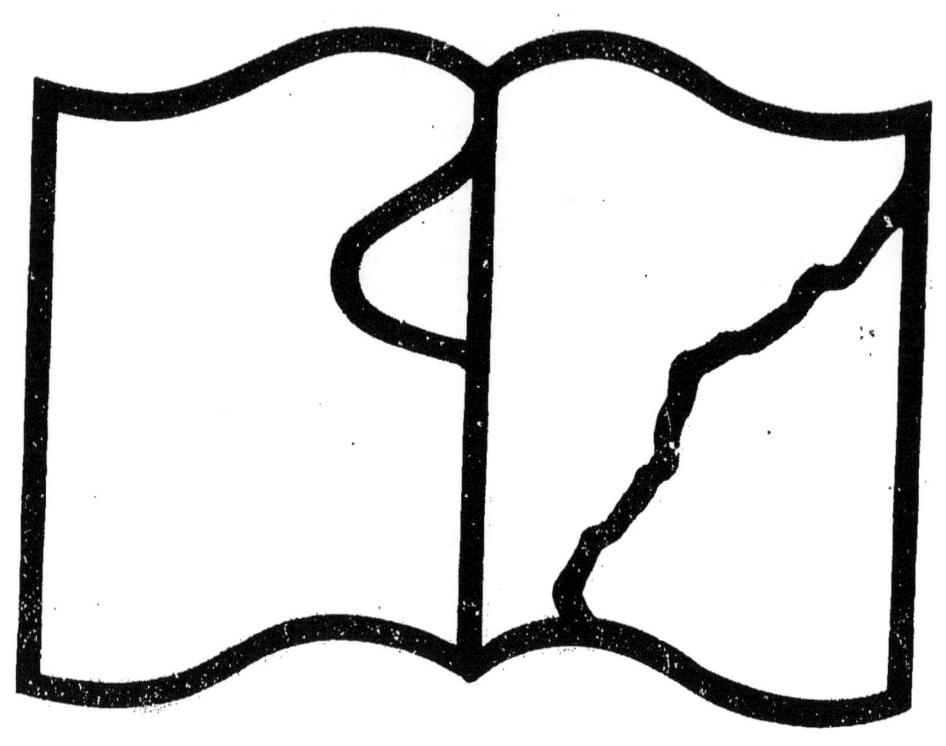

Texte détérioré — reliure défectueuse

NF Z 43-120-11

Contraste insuffisant

NF Z 43-120-14

www.ingramcontent.com/pod-product-compliance
Ingram Content Group UK Ltd.
Pitfield, Milton Keynes, MK11 3LW, UK
UKHW012035240726
13965UKWH00003B/811